机械制图习题集

（非机械类）

（第 2 版）

主编　严辉容　胡小青
参编（排名不分先后）
　　　胡小青　李兴慧　蔡云松　阴俊霞
　　　杨　莉　王　莉　杨　霞
主审　杨　辉

北京理工大学出版社
BEIJING INSTITUTE OF TECHNOLOGY PRESS

内 容 提 要

本书共分为"课程认识""制图国家标准及绘图基本技能""正投影基本知识""立体表面交线""组合体""机件表达方法及应用""标准件、常用件规定画法及应用""典型零件图画法、标注及识读""装配图的识读与绘制"等9个习题单元。

除了课程认识部分外,每个单元内容均按照"企业对机械制图的岗位能力要求",分析本单元承担的任务,选择合适的载体,并基于机械零、部件,机器的加工、装配流程,将实际生产案例有机地融入教材中,做到课堂教学与生产实际的有机结合。

本书可以作为高等职业院校非机械类或近机械类专业教学用书或自学用书,也可作为企业技术人员的参考资料。

版权专有　侵权必究

图书在版编目（CIP）数据

机械制图习题集：非机械类 / 严辉容，胡小青主编．—2 版．—北京：北京理工大学出版社，2019.8（2020.12重印）
ISBN 978-7-5682-7481-4

Ⅰ.①机… Ⅱ.①严… ②胡… Ⅲ.①机械制图-高等学校-习题集
Ⅳ.①TH126-44

中国版本图书馆 CIP 数据核字（2019）第 188620 号

出版发行 /	北京理工大学出版社有限责任公司	
社　　址 /	北京市海淀区中关村南大街5号	
邮　　编 /	100081	
电　　话 /	（010）68914775（总编室）	
	（010）82562903（教材售后服务热线）	
	（010）68948351（其他图书服务热线）	
网　　址 /	http://www.bitpress.com.cn	
经　　销 /	全国各地新华书店	
印　　刷 /	三河市天利华印刷装订有限公司	
开　　本 /	787 毫米×1092 毫米　1/16	
印　　张 /	10.5	责任编辑 / 赵　岩
字　　数 /	101 千字	文案编辑 / 赵　岩
版　　次 /	2019 年 8 月第 2 版　2020 年 12 月第 2 次印刷	责任校对 / 周瑞红
定　　价 /	29.00 元	责任印制 / 李志强

图书出现印装质量问题，请拨打售后服务热线，本社负责调换

前　　言

  《机械制图习题集》（非机械类）是《机械制图》（非机械类）教材的配套习题，由四川工程职业技术学院主编，昆明冶金高等专科学校和泸州职业技术学院参与了编写工作，四川工程职业技术学院严辉容老师与胡小青老师联合担任主编，全书统稿工作主要由严辉容老师担任，胡小青老师协助担任了部分章节的统稿工作，四川工程职业技术学院杨辉老师担任主审。东方汽轮机厂、德阳豪特科技有限公司、中国第二重型机器厂的人员对本教材提出了建设性的意见。

  本习题集由学校与行业、企业合作编写，在《机械制图》（非机械类）活页习题集的基础上，经过相关的专业教学指导委员会的多次论证，经过3年的不断完善和修改，最终编写而成。

  本习题集共分为"课程认识""制图国家标准及绘图基本技能""正投影基本知识""立体表面交线""组合体""机件表达方法及应用""标准件、常用件规定画法及应用""典型零件图画法、标注及识读""装配图的识读与绘制"等9个习题单元。第1章"课程认识"由严辉容编写，第2章"制图国家标准及绘图基本技能"由王莉编写，第3章"正投影基本知识"由李兴慧编写，第4章"立体表面交线"由杨霞编写，第5章"组合体"由蔡云松编写，第6章"机件表达方法及应用"由阴俊霞编写，第7章"标准件、常用件规定画法及应用"由杨莉编写，第8章"典型零件图画法、标注及识读"由胡小青编写，第9章"装配图的识读与绘制"由蔡云松编写。

  在编写过程中，参阅了四川工程职业技术学院陈晓晴、刘蔺勋、雷丽虹等老师的一些教学资料，借鉴了许多宝贵的经验，在此表示感谢！

  因该书涉及内容广泛，编者水平有限，难免出现错误和处理不妥之处，敬请读者批评指正。

编　者

目　录

第 1 章　课程认识 …………………………………………………………………………（1）

第 2 章　制图国家标准及绘图基本技能 …………………………………………………（2）

第 3 章　正投影基本知识 …………………………………………………………………（9）

第 4 章　立体表面交线 ……………………………………………………………………（21）

第 5 章　组合体 ……………………………………………………………………………（28）

第 6 章　机件表达方法及应用 ……………………………………………………………（41）

第 7 章　标准件、常用件规定画法及应用 ………………………………………………（52）

第 8 章　典型零件图画法、标注及识读 …………………………………………………（62）

第 9 章　装配图的识读与绘制 ……………………………………………………………（73）

参考文献 ……………………………………………………………………………………（79）

第1章 课程认识

1-1 了解内容

1. 本课程的研究对象是什么？主要内容有哪些？
2. 本课程的学习方法是什么？

班级　　　　　　　　　　　　　姓名　　　　　　　　　　　　　学号

第 2 章　制图国家标准及绘图基本技能

2-1　填空与选择

1. 填空题

   （1）粗实线用于绘制_____轮廓线，对称中心线、轴线用_____表示，不可见轮廓线用_____绘制。

   （2）A4 的图幅为_____ mm，留装订边时，装订边尺寸 a =_____ mm，不留装订边时，图框边距 e =_____ mm。

   （3）若现场有 H、HB、2B 三种铅笔，描深粗实线时选用_____铅笔，画底稿时选用 H 铅笔，描深细线、写字时选用_____铅笔。

   （4）一个完整的尺寸一般由_____、_____和_____三部分组成。

   （5）画平面图形时，画图顺序应该是先画_____，再画中间线段，最后画_____。

2. 选择题

   （1）尺寸线为水平方向时，尺寸数字应注写在尺寸线的上方，当尺寸线垂直时，尺寸数字应标注在尺寸线的_____。

       A. 左方，字头向右　　　　B. 左方，字头向左　　　　C. 右方，字头向右　　　　D. 右方，字头向左

   （2）下列比例是缩小比例的是_____。

       A. 1∶1　　　　B. 1∶2　　　　C. 2∶1　　　　D. 5∶1

   （3）粗实线宽度为 d，则粗虚线、细实线和细点画线的宽度分别为_____。

       A. d，0.5d　　　　B. 0.5d，d　　　　C. d，d　　　　D. 0.5d，0.5d

   （4）对于尺寸标注，下面说法有错误的是_____。

       A. 角度尺寸数字一律水平注写。

       B. 尺寸界线和尺寸线用细实线绘制，可以单独画出，也可以用其他图线代替。

       C. 实物的真实尺寸以图样上所注的尺寸数值为依据，与图形的大小和绘图准确度无关。

       D. 图中尺寸以毫米为单位时，不用标注计量单位代号和名称。

班级　　　　　　　　　　　　　　　　　姓名　　　　　　　　　　　　　　　　　学号

2-2　字体综合练习

技术要求铸造字体工整笔画清楚间隔均匀排列整齐填满空格处理孔轴

圆柱投影重合轮廓相贯线截波浪组合体弧锥斜板看读面视曲实虚座聚类似箭头去掉表局部全剖半

ABCDEFGHIJKLMNOPQRSTUVWXYZ　　0123456789∅

班级　　　　　　　　　　　　姓名　　　　　　　　　　　　学号

2-3 图线练习：抄画左侧图形、图线。

1. 线型练习

2. 抄画图形

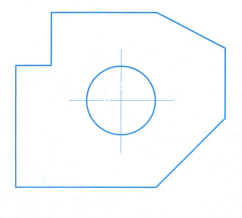

班级　　　　　　　　　　　姓名　　　　　　　　　　　学号

2-4 左图中尺寸标注有错误，在右图上正确标注尺寸（采用原图数值）

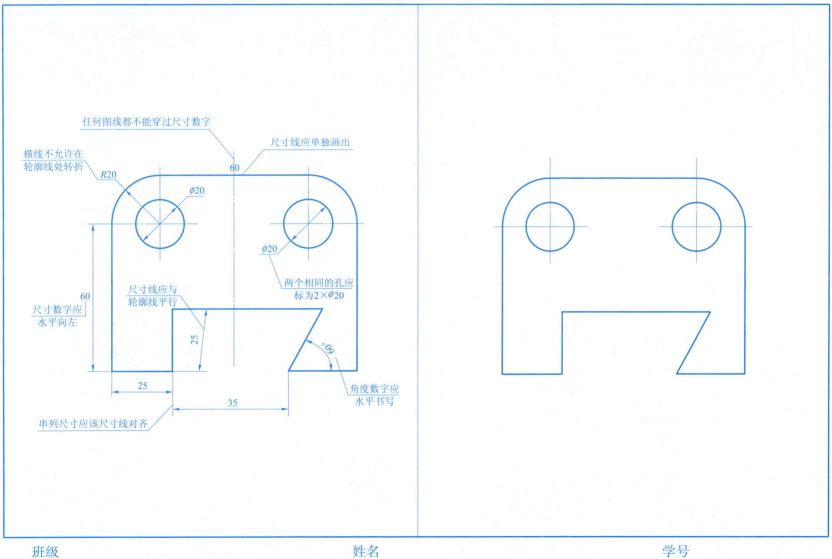

2-5 几何制图（一）

1. 按照图例和给定半径完成圆弧连接。

(1)

(2)

2-6 几何制图（二）

2. 用四心法画椭圆，椭圆长轴为 100 mm，短轴为 70 mm。

班级　　　　　　　　　　　姓名　　　　　　　　　　　学号

2-7 几何制图（三）

3. 挂轮架

4. 吊钩

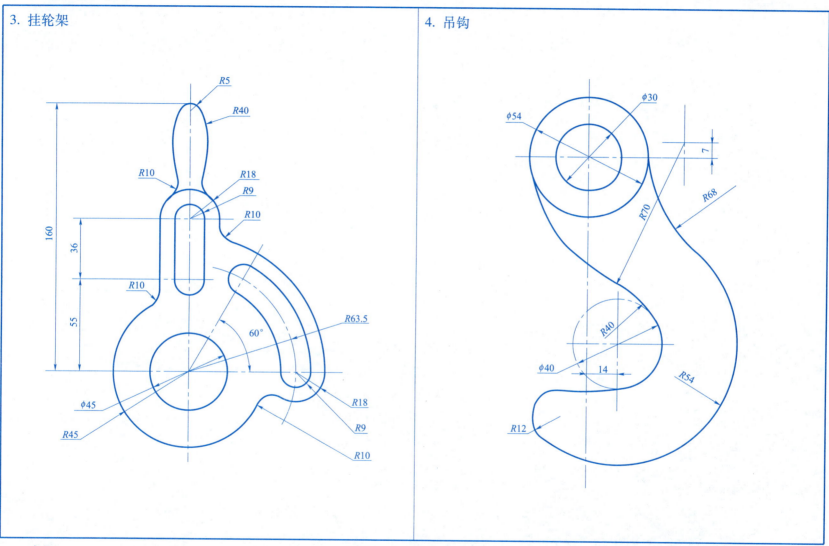

班级　　　　　　　　姓名　　　　　　　　学号

第3章 正投影基本知识

3-1 填空题

1. 分析三视图的形成过程，并填空说明三视图之间的关系

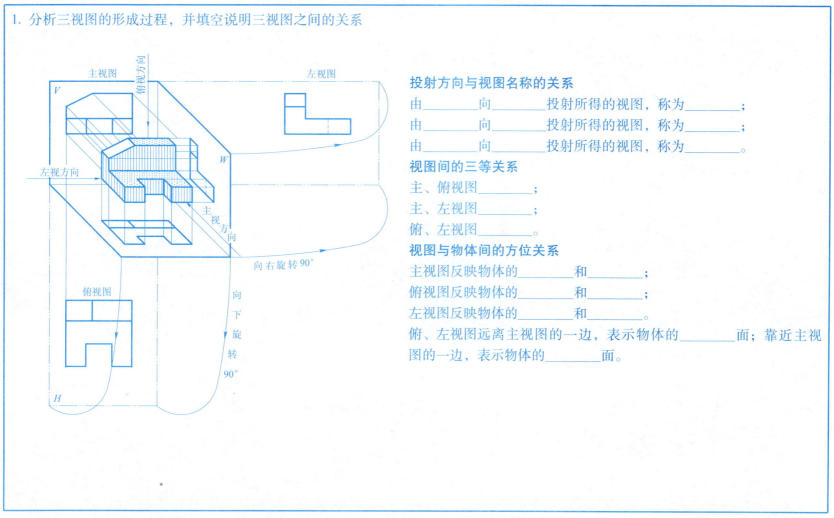

投射方向与视图名称的关系

由＿＿＿＿向＿＿＿＿投射所得的视图，称为＿＿＿＿；

由＿＿＿＿向＿＿＿＿投射所得的视图，称为＿＿＿＿；

由＿＿＿＿向＿＿＿＿投射所得的视图，称为＿＿＿＿。

视图间的三等关系

主、俯视图＿＿＿＿；

主、左视图＿＿＿＿；

俯、左视图＿＿＿＿。

视图与物体间的方位关系

主视图反映物体的＿＿＿＿和＿＿＿＿；

俯视图反映物体的＿＿＿＿和＿＿＿＿；

左视图反映物体的＿＿＿＿和＿＿＿＿。

俯、左视图远离主视图的一边，表示物体的＿＿＿＿面；靠近主视图的一边，表示物体的＿＿＿＿面。

班级　　　　　　　姓名　　　　　　　学号

3-2 观察物体的三视图，辨认其相应的轴测图，并填写对应序号

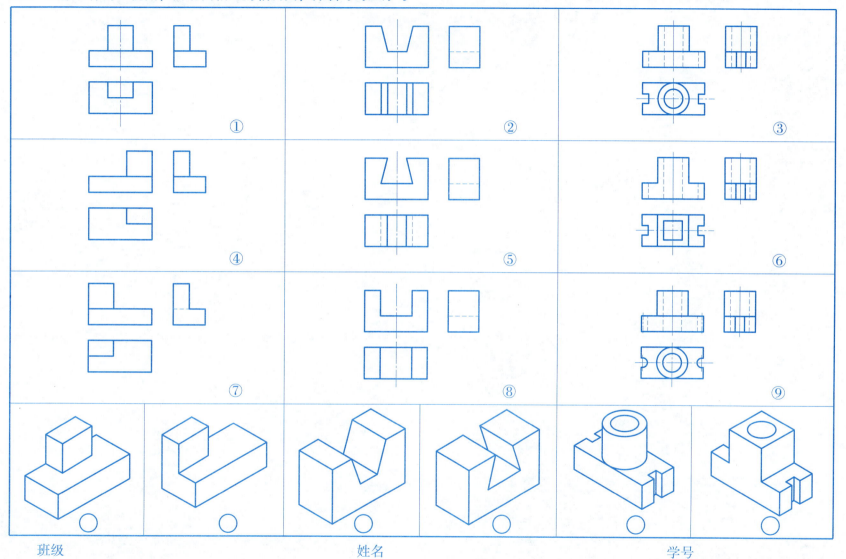

班级　　　　　　　　　　　　　姓名　　　　　　　　　　　　　学号

3-3 参照轴测图补画视图中所缺的图线

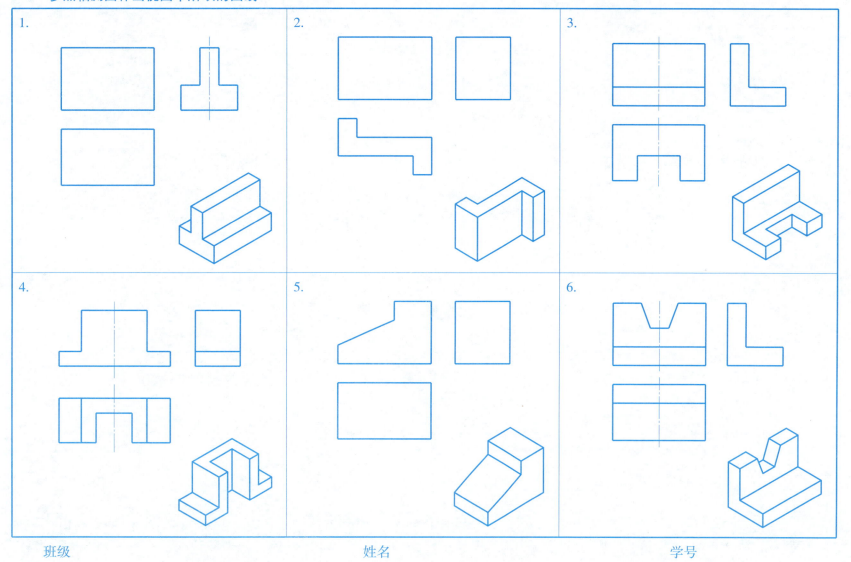

班级　　　　　　　　　　　姓名　　　　　　　　　　　学号

3-4 根据轴测图辨认其相应的两视图，并补画所缺的第三个视图

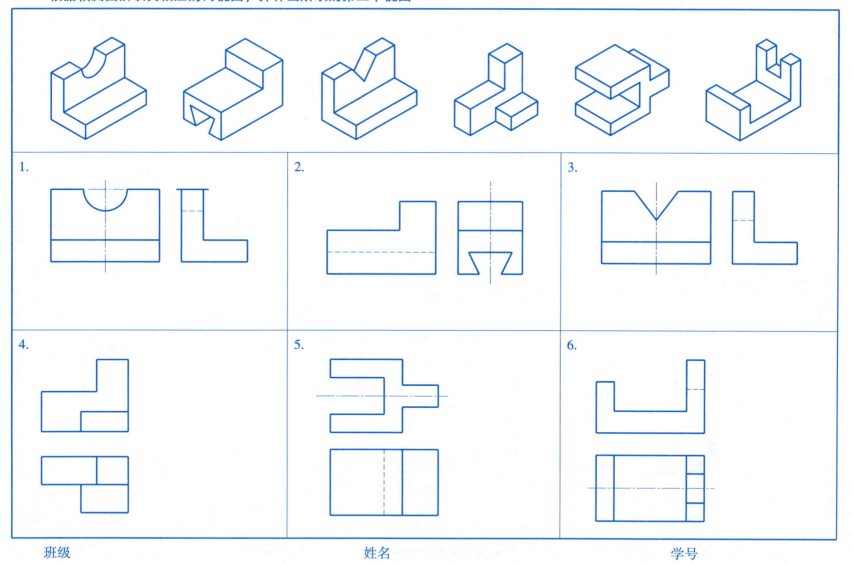

3-5 根据轴测图辨认其相应的一个视图,并补画所缺的两个视图(所缺尺寸按 1∶1 量取)

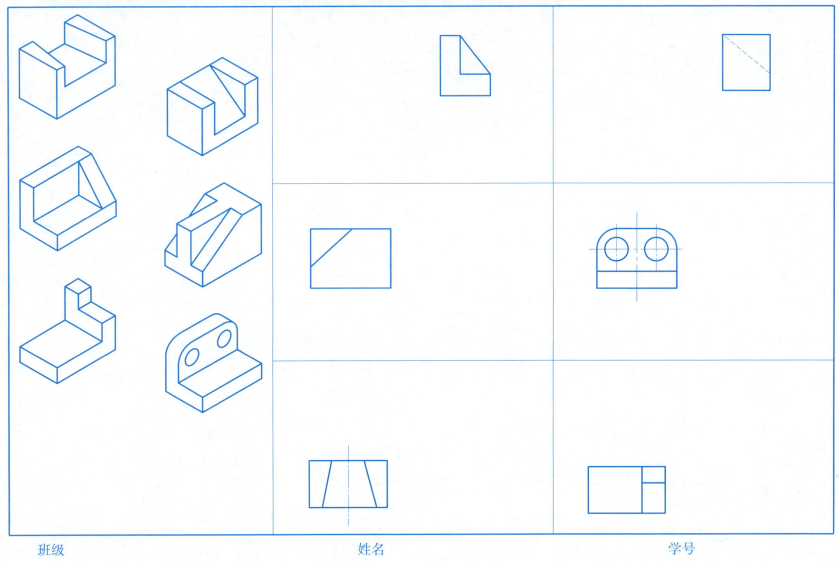

3-6 看懂三视图，补画视图中所缺的图线

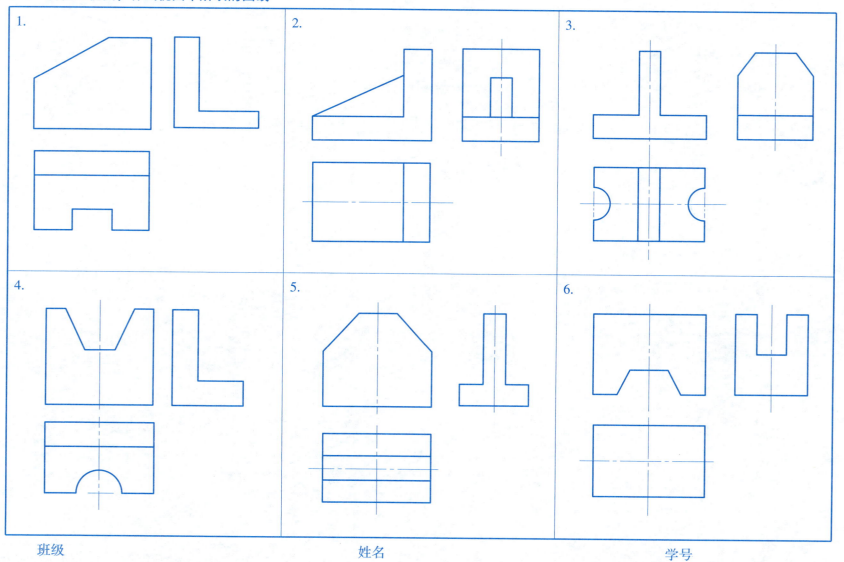

3-7 点的投影（一）

1. 在三视图中标出 A、B、C 三点的三面投影。

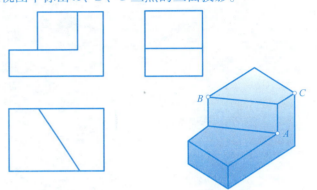

2. 已知点的两面投影，求第三面投影，并在轴测图中标出。

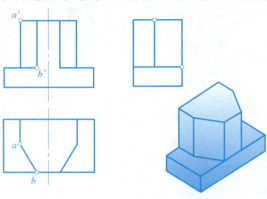

3. 在轴测图中标出 A、B 两点，并判断其相对位置。

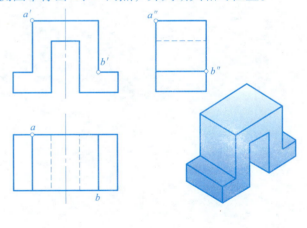

A 点在 B 点的 _____、_____、_____ 方。

4. 在轴测图中标出 C、D 两点，并判断其相对位置。

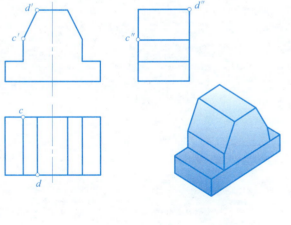

C 点在 D 点的 _____、_____、_____ 方。

班级　　　　　　　　　　姓名　　　　　　　　　　学号

3-8 点的投影（二）

5. 作点 A（10，25，20）、B（20，0，10）的三面投影。

6. 已知点的两面投影，求作第三面投影。

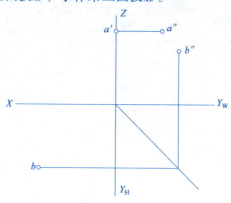

7. 已知 M 点距 V 面 25，距 H 面 15，距 W 面 20，求其三面投影。

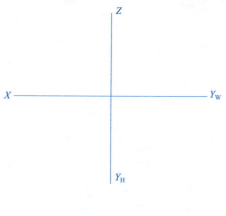

8. B 点在 A 点的右 5、下 15、后 10，求 B 点的三面投影。

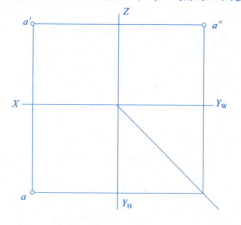

班级　　　　　　　　　　　姓名　　　　　　　　　　　学号

3-9 直线的投影

1. 判别三棱锥棱线的空间位置。

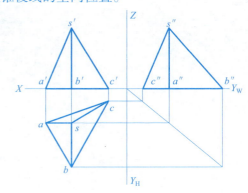

SA 是_____线；SB 是_____线
SC 是_____线；AB 是_____线

2. 补画俯左视图中的漏线，标出立体图上 A、B、C 三点的三面投影。

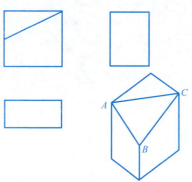

AB 是_____线；BC 是_____线；CA 是_____线

3. 已知 EF//W 面，实长为 20，点 F 在 H 面上，求 EF 的三面投影。

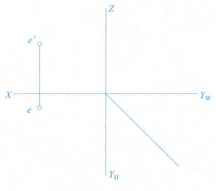

4. 已知 AB 为正平线，倾角为 $\alpha=30°$，长度为 25，求直线 AB 的三面投影。

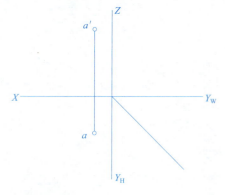

班级　　　　　　　　　　　姓名　　　　　　　　　　　学号

3-10 平面的投影

1. 补画平面的第三视图，判别平面的空间位置。

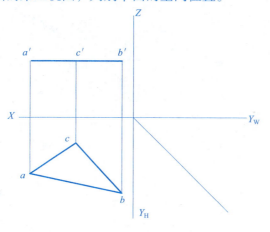

2. 补画平面的第三视图，判别平面的空间位置。

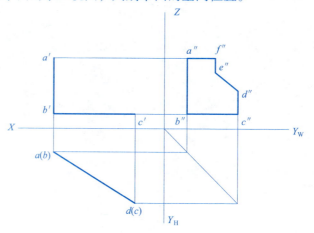

3. 直线 MN 在已知平面内，求它的另一投影。

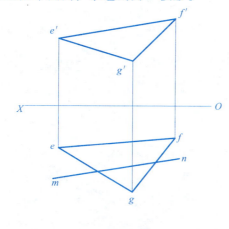

4. 在 △ABC 内做距 H 面为 20 的水平线。

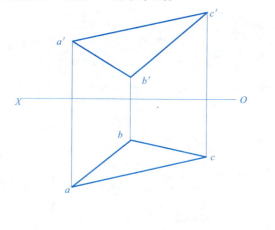

班级　　　　　　姓名　　　　　　学号

3-11 轴测图：根据视图画正等测图

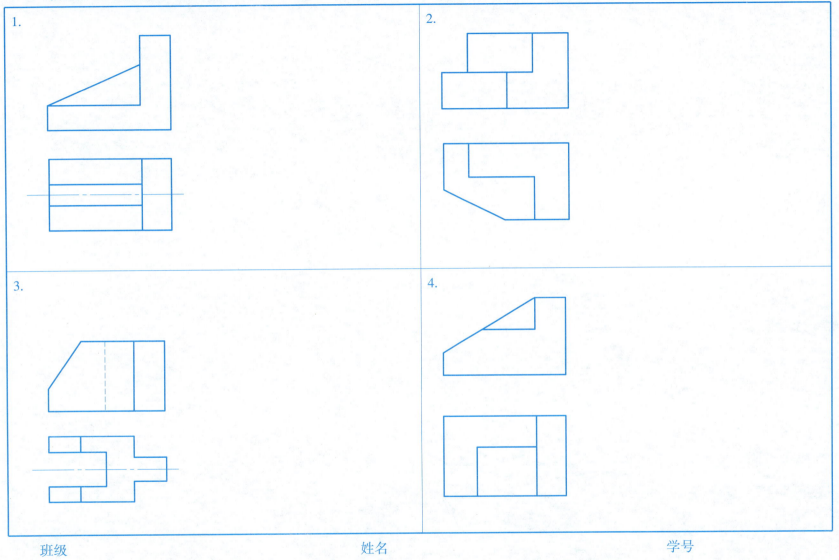

3−12 求作基本几何体的第三个视图，并作出立体表面上点的其余两投影

1.
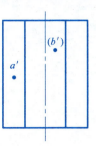

2.
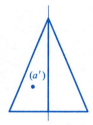

3.
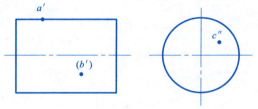

4.
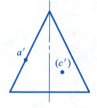
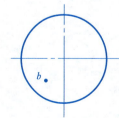

班级　　　　　　　　　　　姓名　　　　　　　　　　　学号

第4章 立体表面交线

4-1 已知形体的主视图和俯视图，选择正确的左视图

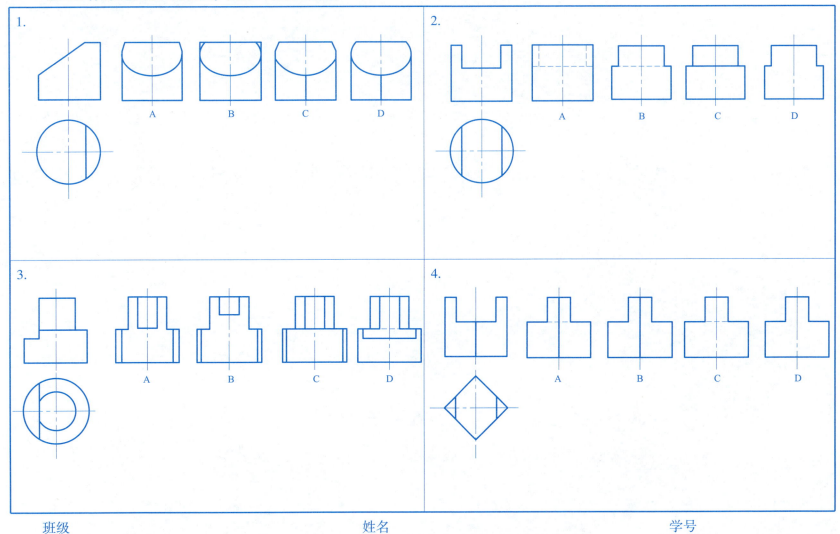

4-2 根据两面视图补画第三视图（一）

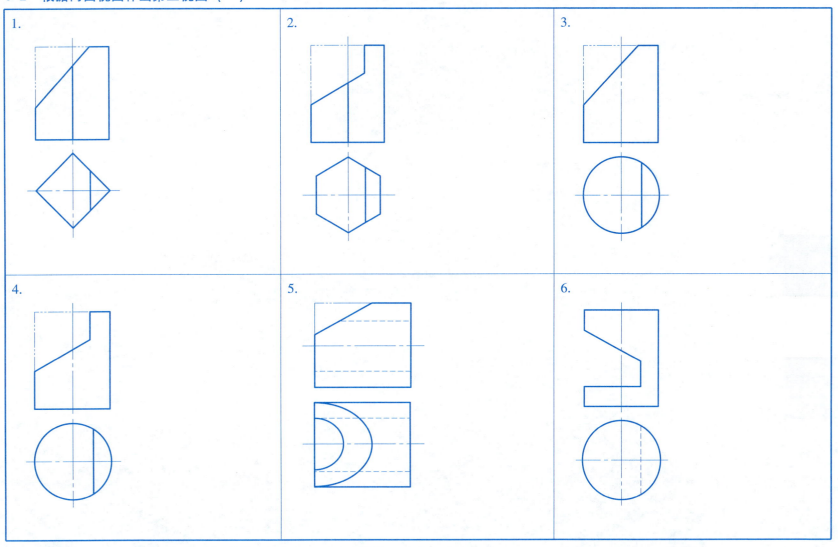

4-3 根据两面视图补画第三视图（二）

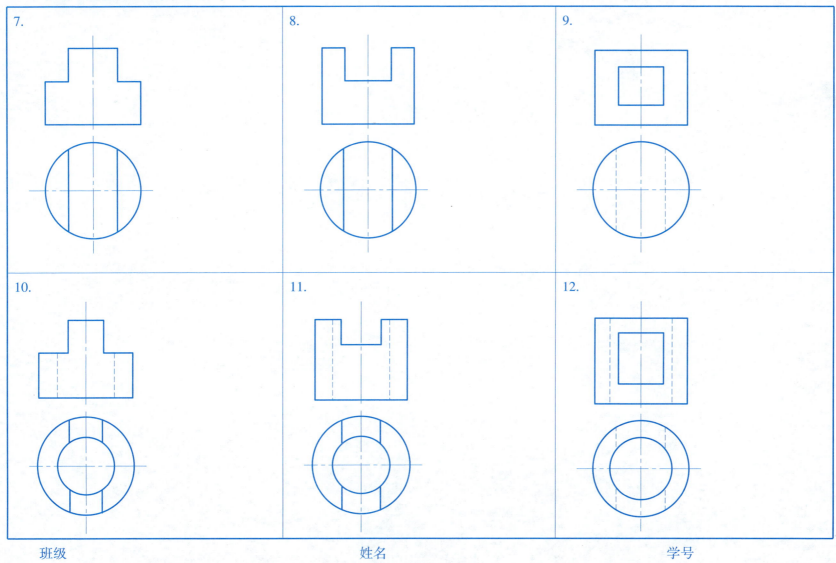

4-4 分析并正确画出相贯线的投影（一）（两圆柱正交时采用近似画法）

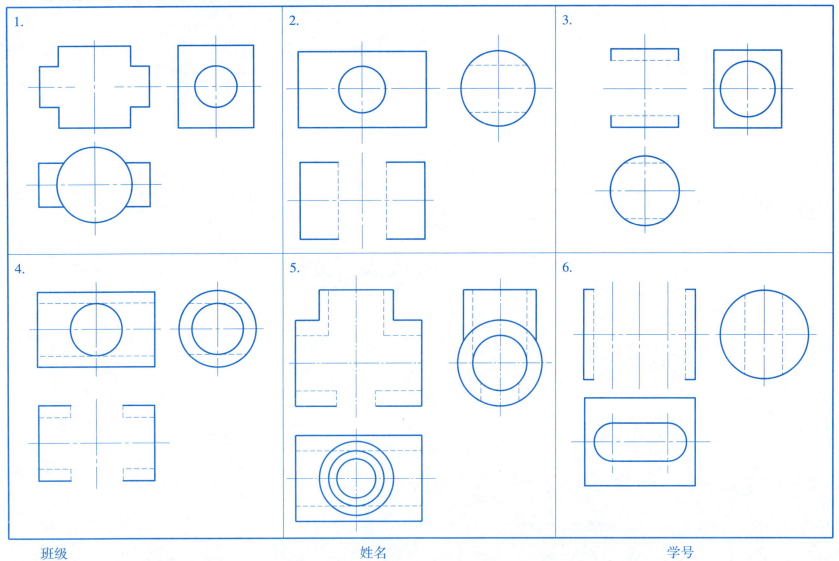

4-5 分析并正确画出相贯线的投影（二）（两圆柱正交时采用近似画法）

7.

8.

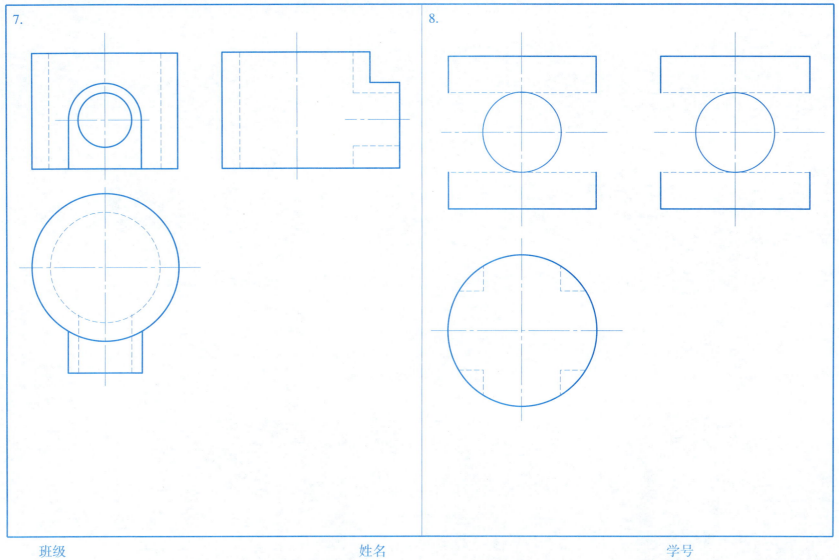

班级　　　　　　　　　　　　姓名　　　　　　　　　　　　学号

4-6 根据立体图绘制物体三视图，尺寸从图上量取，四舍五入取整数

1.

2.

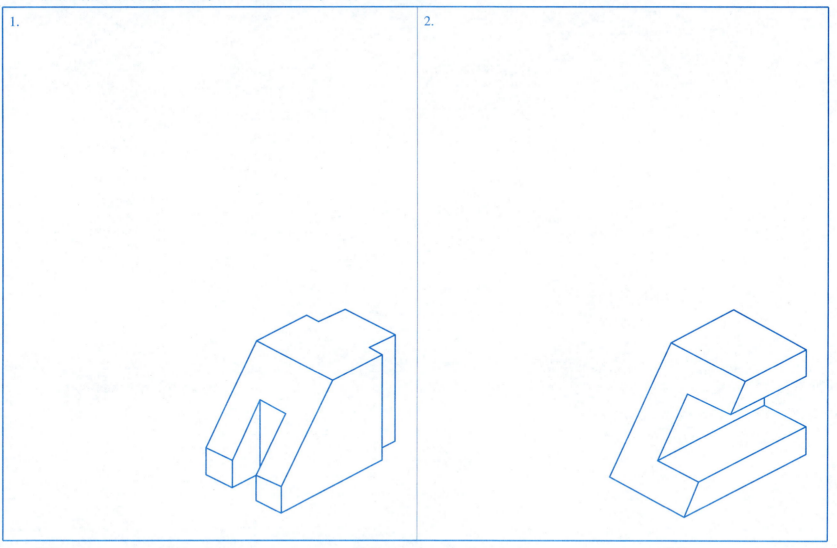

班级　　　　　　　　　　　姓名　　　　　　　　　　　学号

4-7 补画视图中所缺图线（多余的图线用"×"去掉）

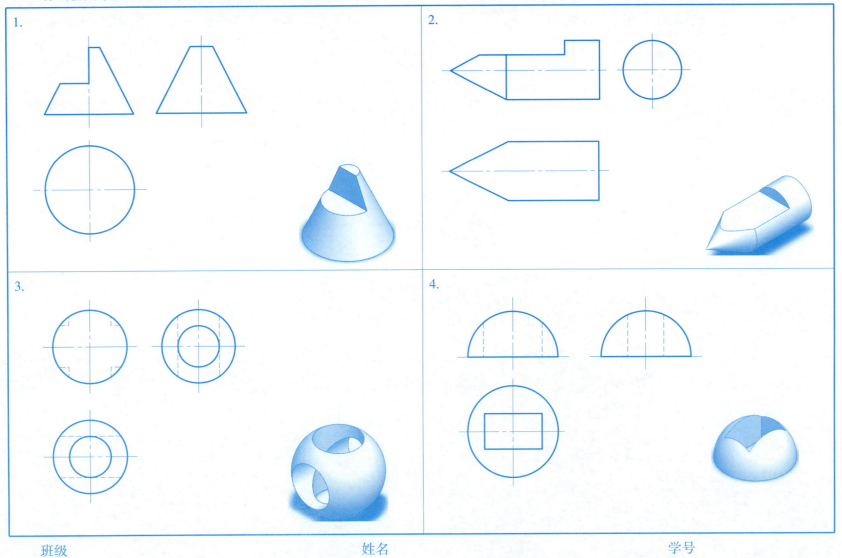

第 5 章 组 合 体

5-1 补全主视图中的漏线

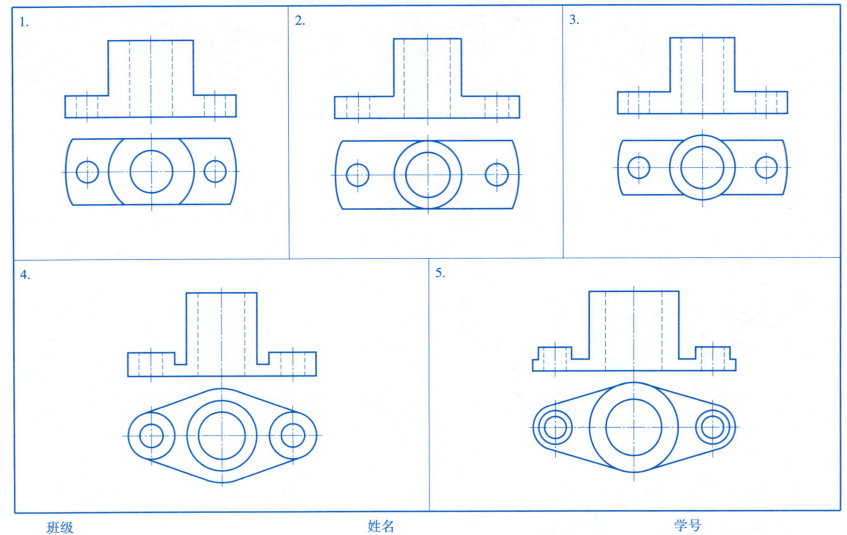

5-2 参照立体示意图，补画三视图中的漏线（一）

1.

2.

3.

4.

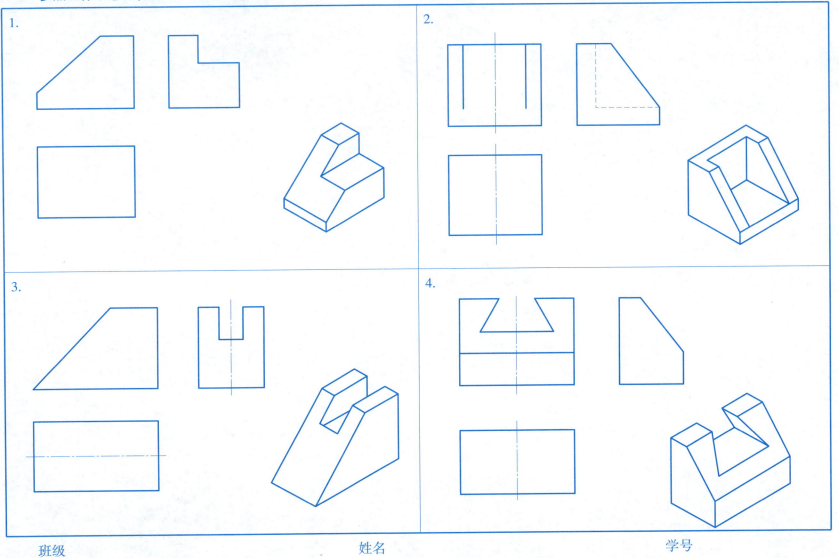

班级　　　　　　　　　　　姓名　　　　　　　　　　　学号

5-3 参照立体示意图，补画三视图中的漏线（二）

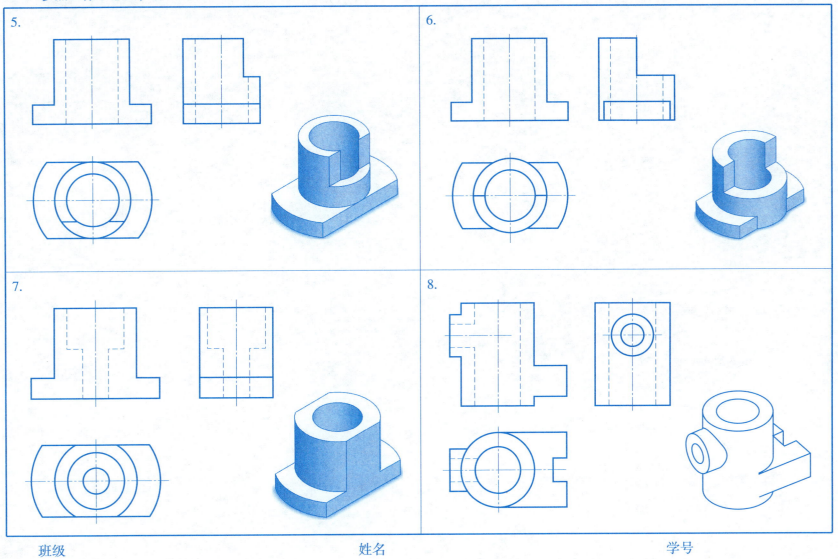

5-4 画组合体的三视图（比例 1∶1），并标注尺寸

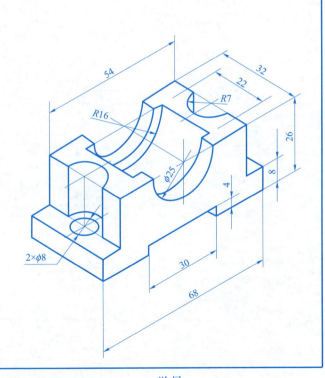

班级　　　　　　　　　　姓名　　　　　　　　　　学号

5-5　画组合体的三视图（比例 1∶1），并标注尺寸

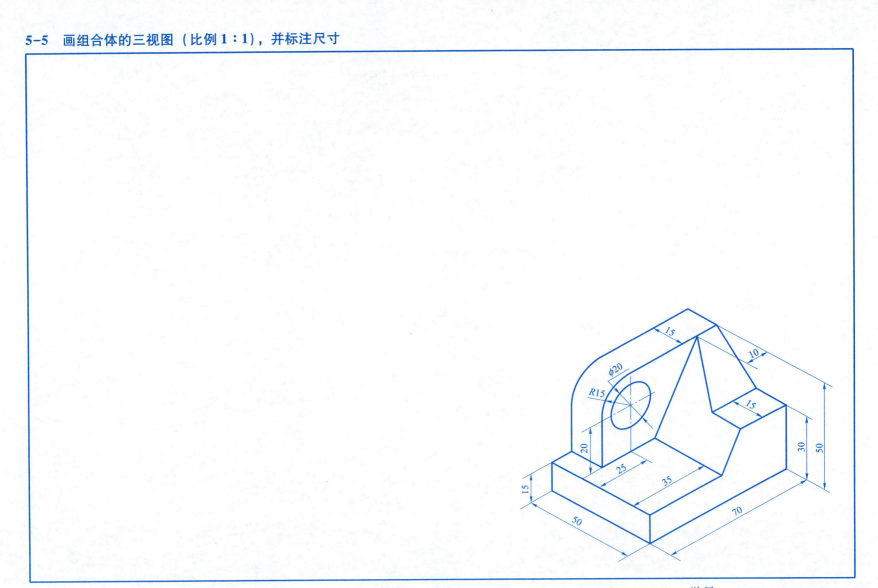

5-6 用箭头指出长、宽、高三个方向的尺寸基准，注全组合体尺寸（数值按 1：1 比例从图上量取，取整数）

1.

2.

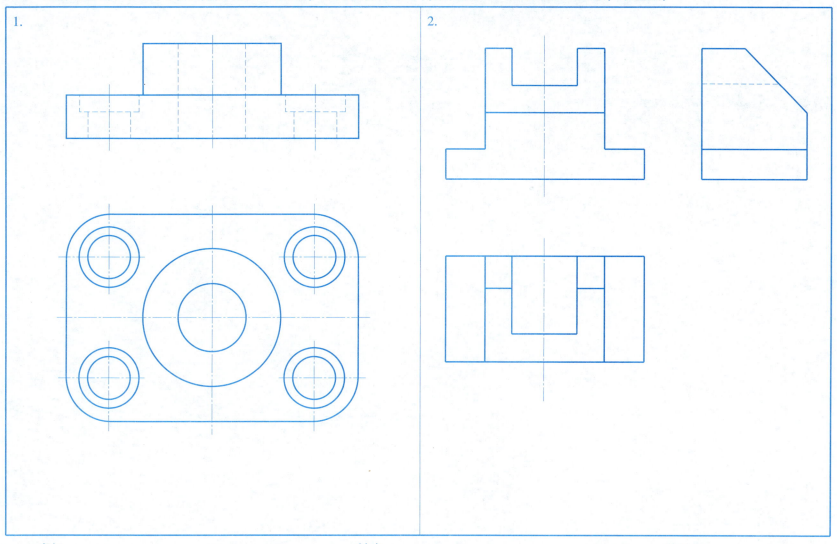

5-7 判断下图中所指线框的相对位置

1.

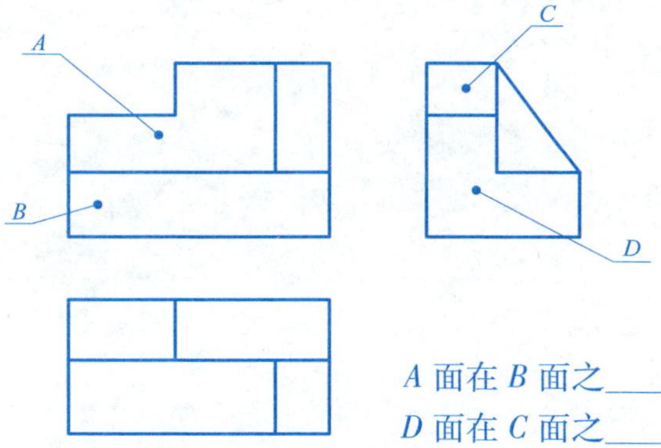

A 面在 B 面之_____（前、后）
D 面在 C 面之_____（左、右）

2.

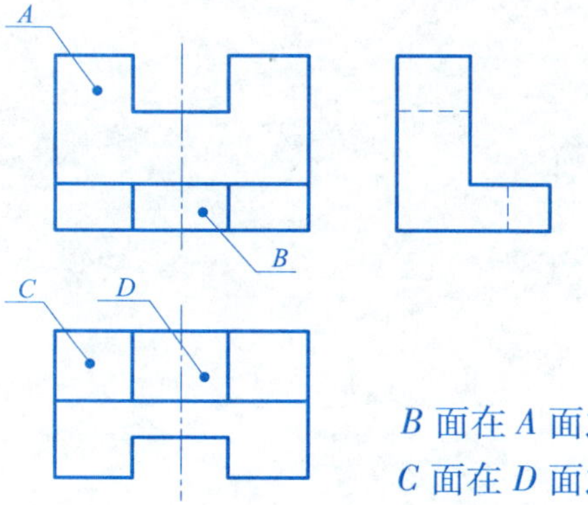

B 面在 A 面之_____（前、后）
C 面在 D 面之_____（上、下）

3.

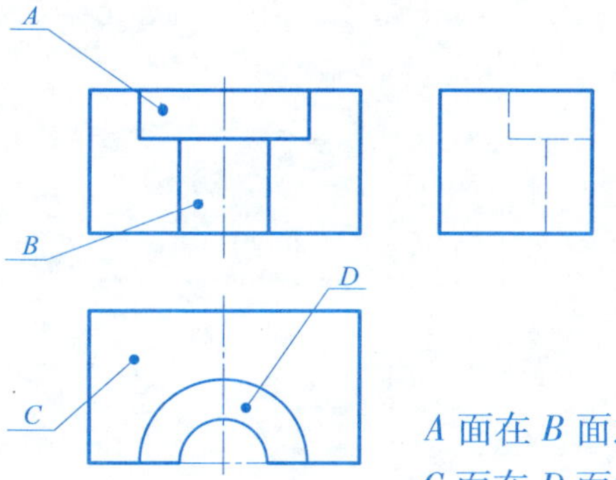

A 面在 B 面之_____（前、后）
C 面在 D 面之_____（上、下）

4.

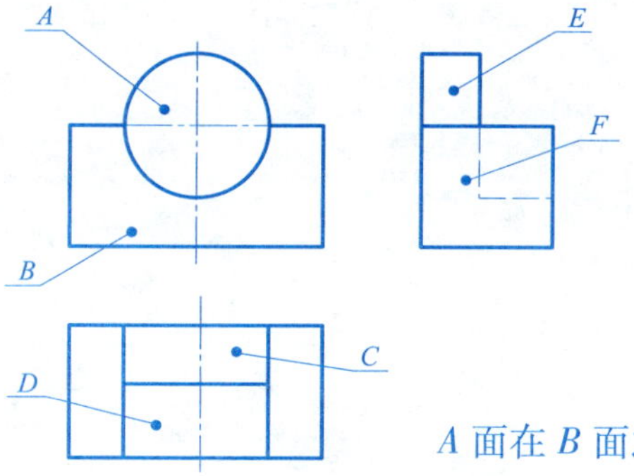

A 面在 B 面之_____（前、后）
C 面在 D 面之_____（上、下）
E 面在 F 面之_____（左、右）

班级　　　　　　　　　姓名　　　　　　　　　学号

5-8 参照立体示意图，由已知的两面视图补画第三面视图

5-9 由已知的两面视图补画第三面视图（一）

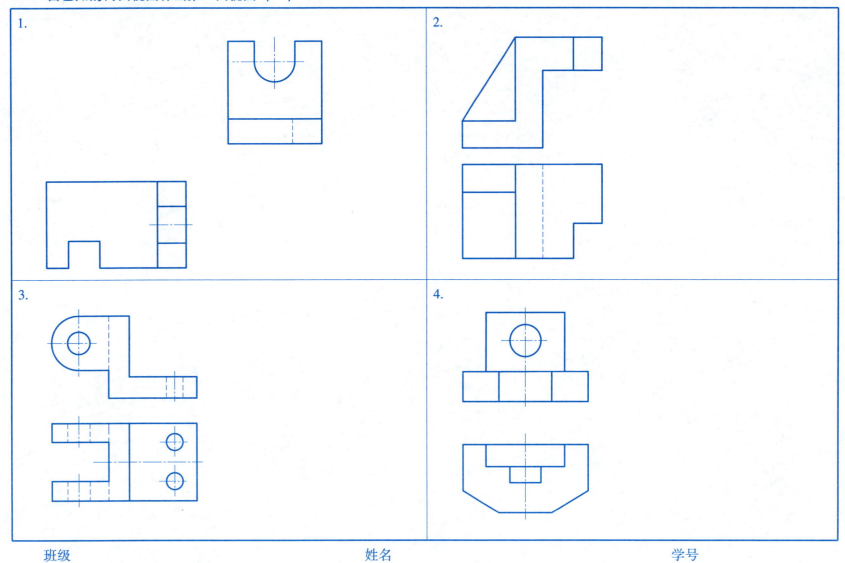

5-10 由已知的两面视图补画第三面视图（二）

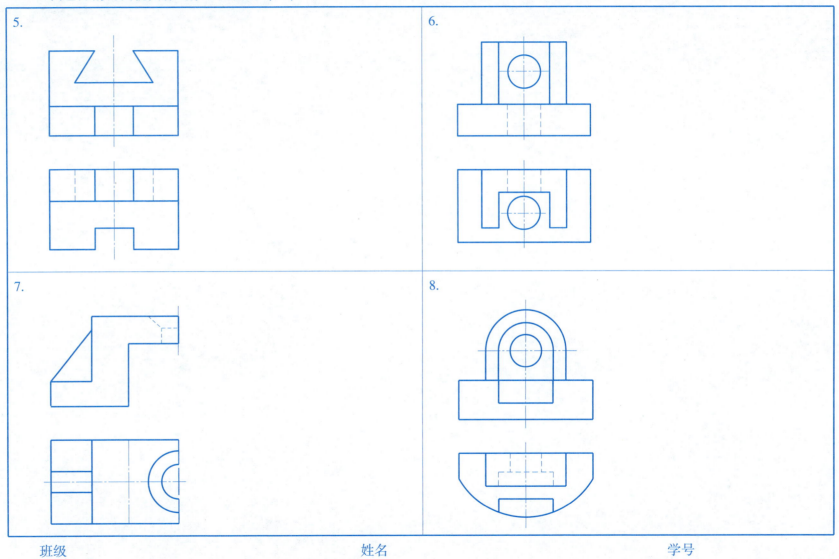

5-11 由已知的两面视图补画第三面视图（三）

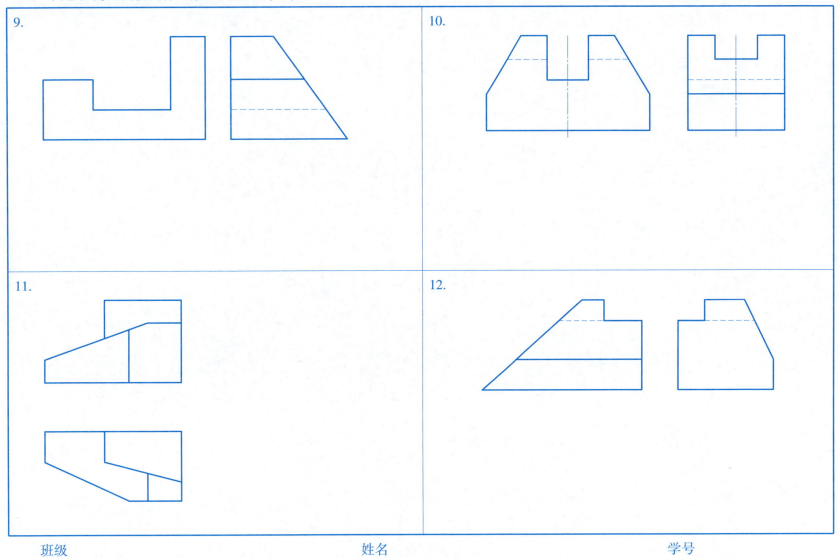

5-12 综合练习（一）

目的、内容：进一步理解物与图之间的关系，运用形体分析法，根据轴测图绘制组合体的三视图，并标注尺寸；

要求：完整的表达出组合体的内外形状。标注尺寸要齐全、清晰、并符合国家标准；

图名：组合体；

图幅：A3 图纸，比例任选。

绘图步骤与注意事项：

对所绘形体进行形体分析，选择主视图，按轴测图所注尺寸布置三个视图位置，画出各视图的对称中心线和底面（顶面）。

逐步绘出组合体各部分三视图（注意表面相切或相贯时的画法）。

标注尺寸时应注意不要照搬轴测图上的标注尺寸，要重新考虑视图上的尺寸布置，以尺寸齐全、注法符合标准、配置适当为原则。

完成底稿，经仔细检查校核后用铅笔加深。

图面质量与标题栏的要求参看教材。

1.

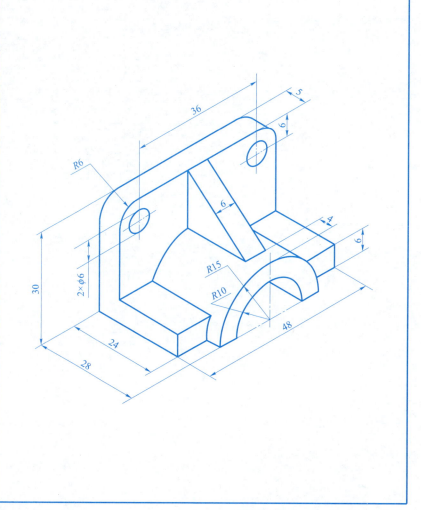

班级　　　　　　　　姓名　　　　　　　　学号

5-13 综合练习（二）

2.

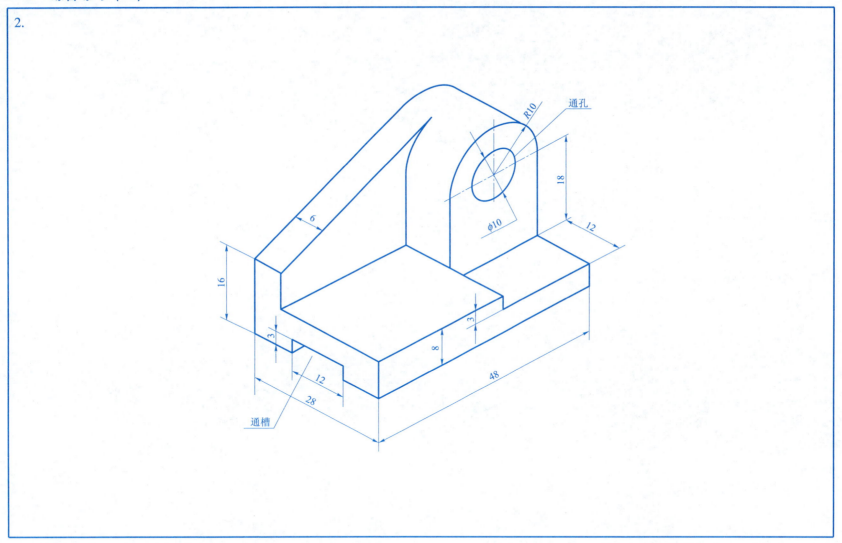

第6章 机件表达方法及应用

6-1 根据主、俯、左视图,补画右、后、仰视图

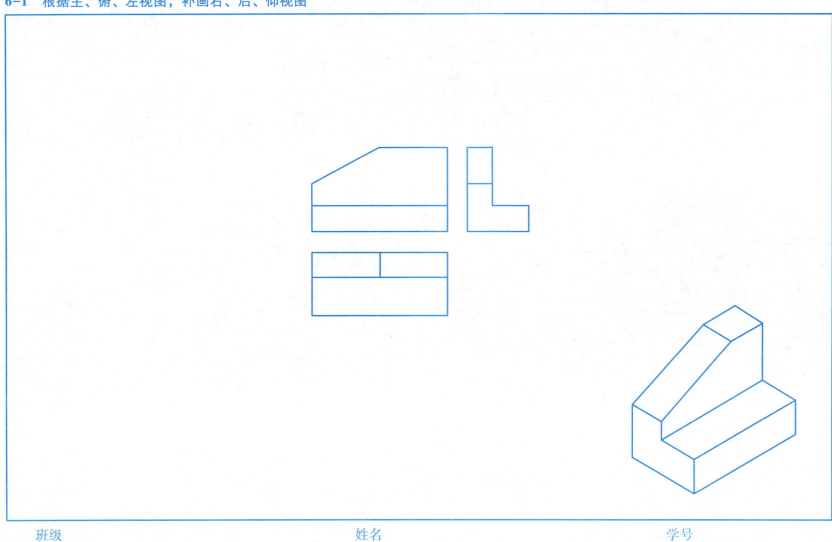

班级　　　　　　姓名　　　　　　学号

6-2 根据轴测图画基本六视图（按向视图布置）

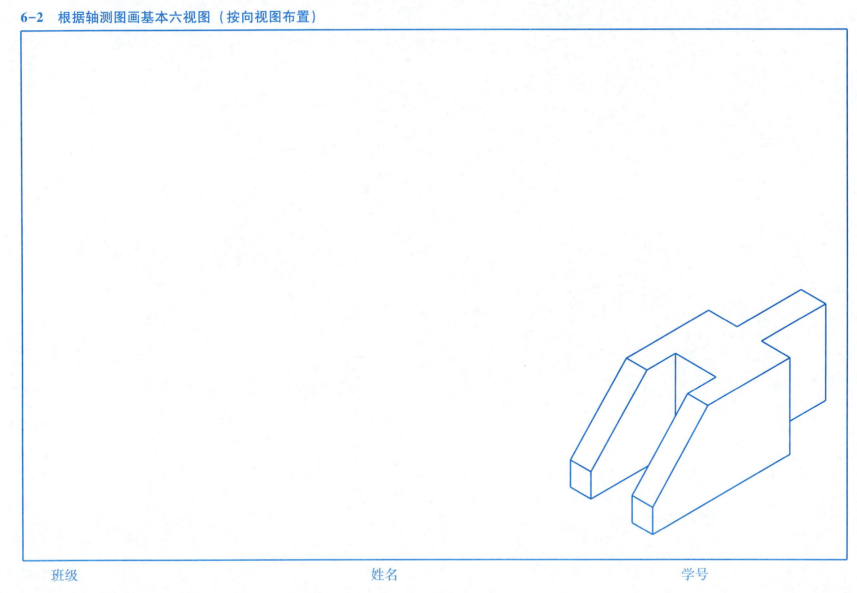

6-3 将俯视图重新绘制成局部视图，并补画 A 向斜视图

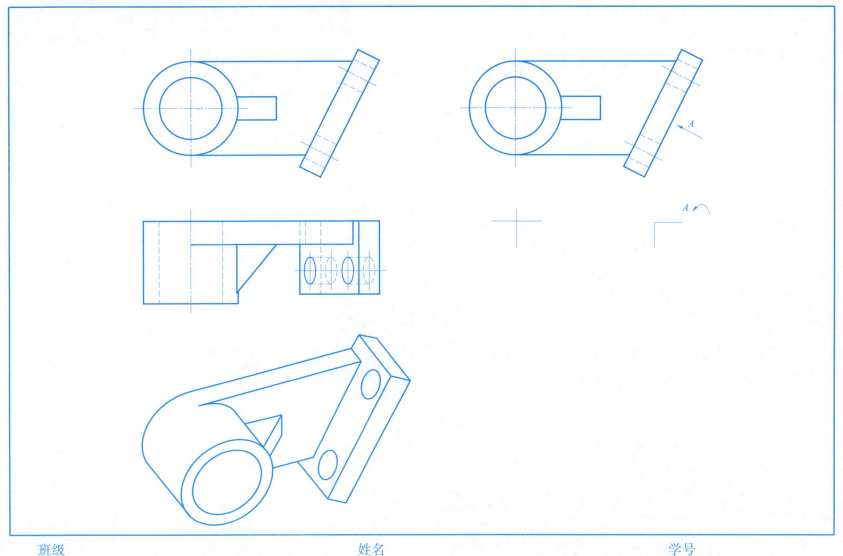

班级　　　　　　　　　　　姓名　　　　　　　　　　　学号

6-4 绘制指定方向的斜视图

1.

2.

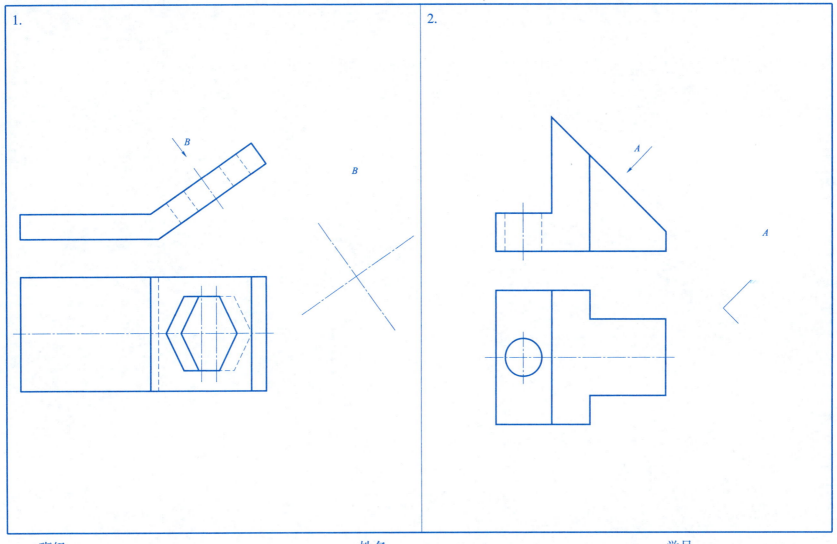

班级　　　　　　　　　　　姓名　　　　　　　　　　　学号

6-5 补画剖视图中所缺的线

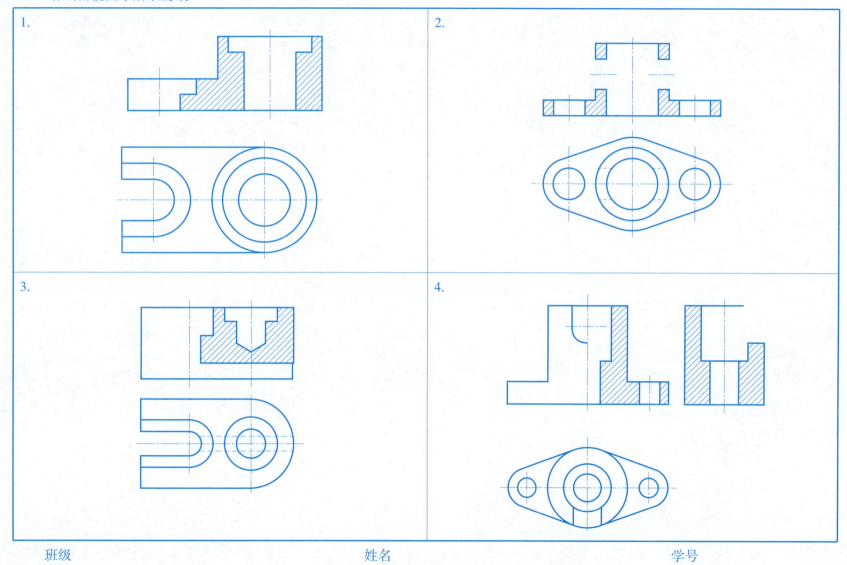

班级　　　　　　姓名　　　　　　学号

6-6 剖视图

1. 在指定位置将主视图改画成全剖视图。

2. 将主视图改画成半剖视图，并在多余的线条上打"×"。

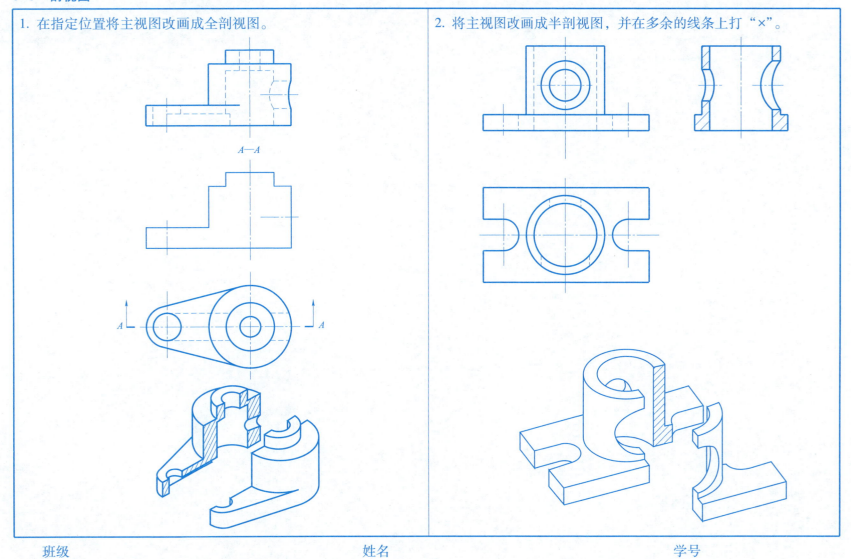

6-7 在指定的位置将主视图改成半剖视图，并补画全剖的左视图

1.

2.

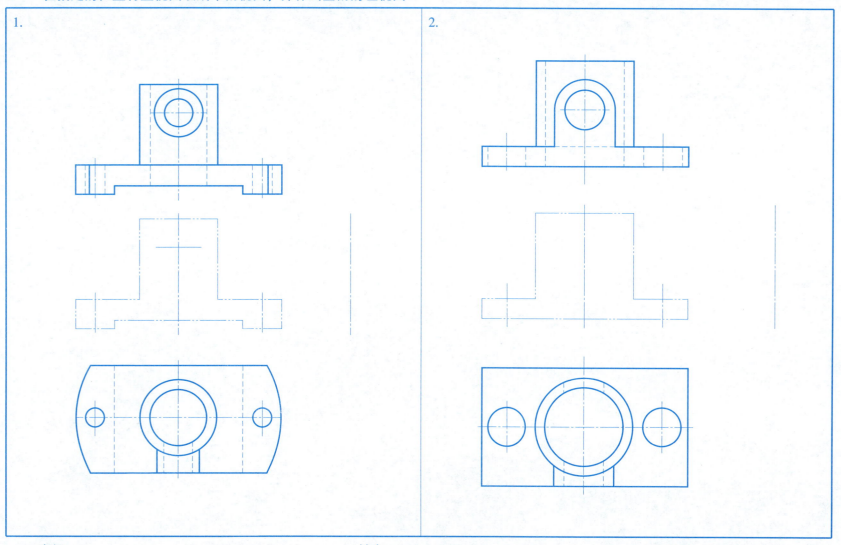

班级　　　　　　　　　　　　　姓名　　　　　　　　　　　　　学号

6-8 将主视图重新绘制成全剖视图

1.

2.

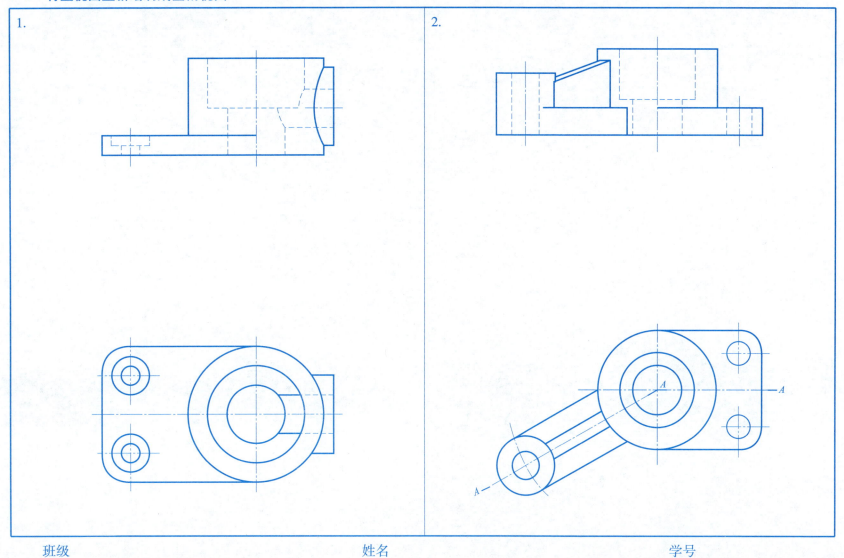

班级　　　　　　　　　　　姓名　　　　　　　　　　　学号

6-9 采用相交剖切平面，将主视图重新绘制成全剖视图，并画出 A、B 向局部视图

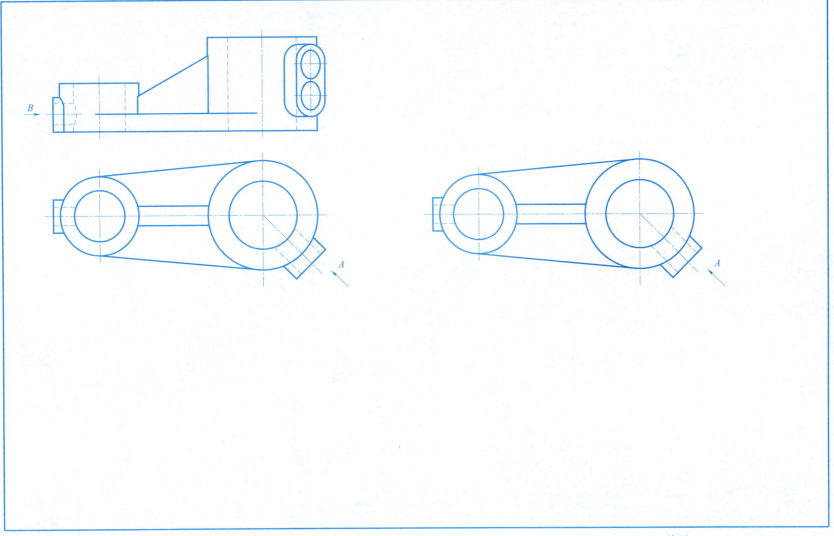

6-10 局部剖视图和断面图

1. 将下列视图改成适当的局部剖视图（多余的线打"×"）

2. 找出正确的移出断面图。

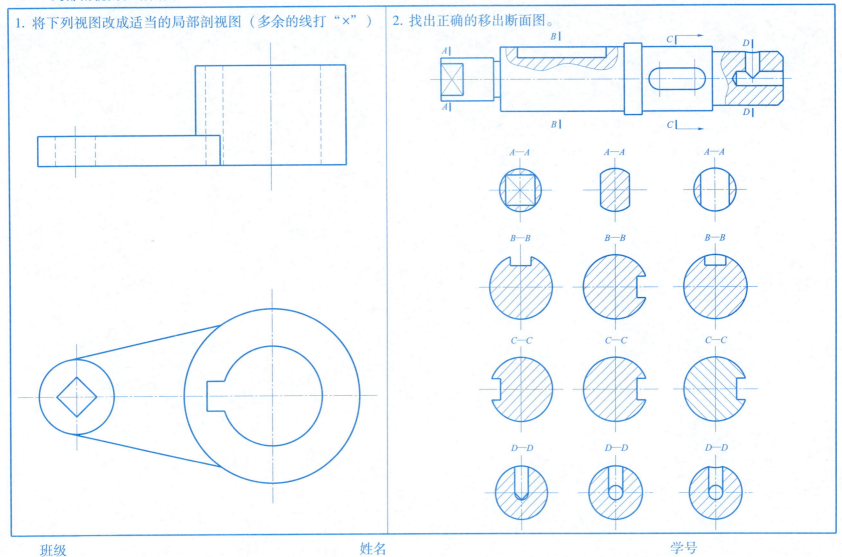

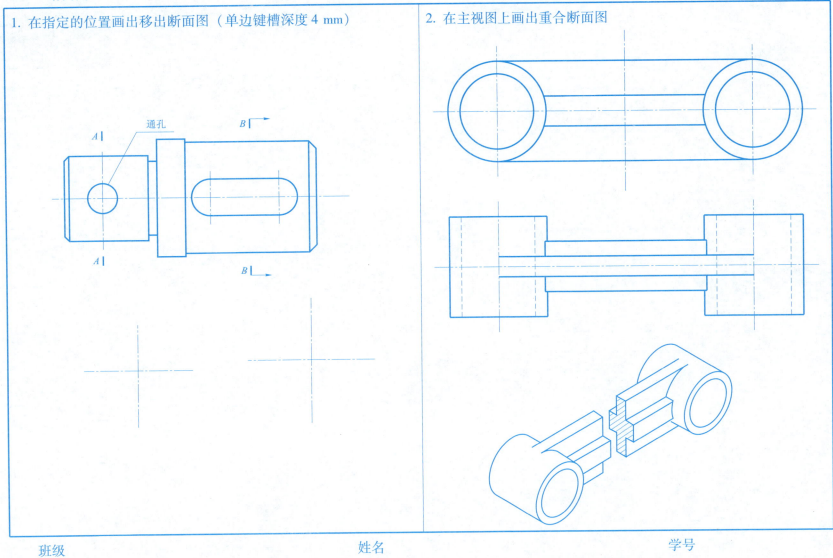

第 7 章　标准件、常用件规定画法及应用

7-1　分析下列螺纹画法的错误，将正确的画在下面

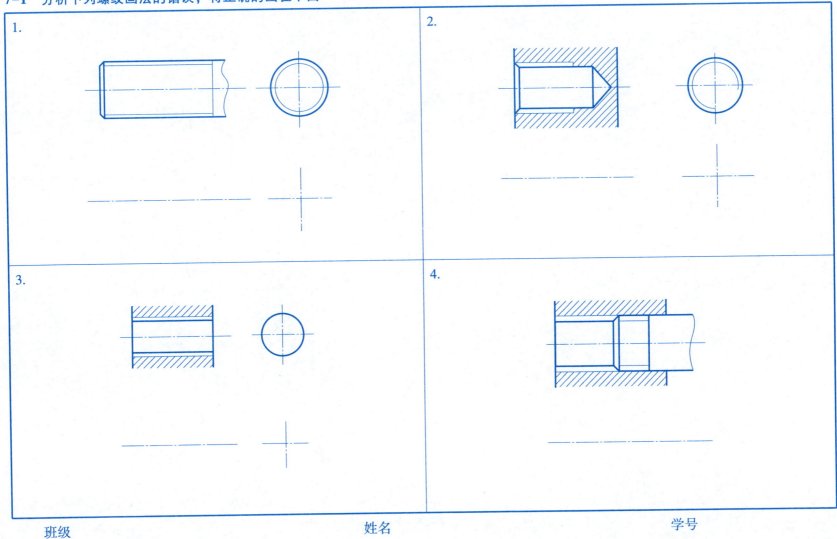

7-2 按给定尺寸，在下图中绘出螺纹（比例 1∶1）

1. 已知圆柱的直径为 20 mm，在杆的左端制大径为 M20，长度为 30 mm 的粗牙螺纹，螺纹倒角 C2，试画出螺杆的主、左视图。

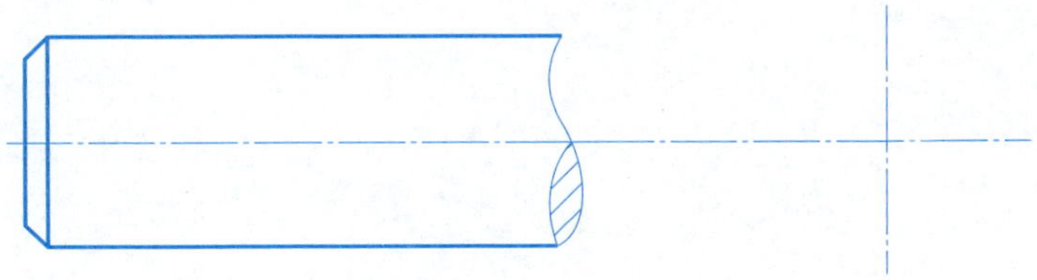

2. 在机件的左端加工有 M20 的普通粗牙螺纹孔，钻孔深度为 40 mm，螺孔深 30 mm，螺纹倒角 C2，试画出螺孔的主、左视图。

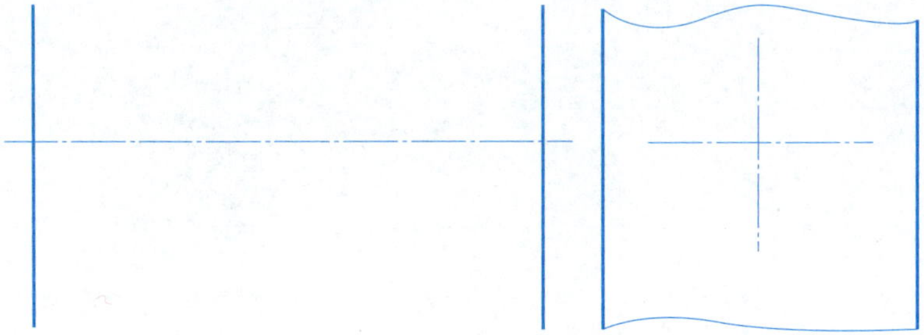

3. 将上述题 1 的螺杆调头，旋入题 2 的螺孔中，旋入长度为 20 mm，画出螺纹连接的主视图。

班级　　　　　　　　　　　　姓名　　　　　　　　　　　　学号

7-3　螺纹的标记

1. 已知下列螺纹代号，识别其意义并填表。

螺纹代号	螺纹种类	大径	螺距	导程	线数	旋向	公差带代号	旋合长度
M20-7H-LH								
M16×1.5-5g6g-S								
Tr40×14（P7）-4e								
G1/8-LH				/	/		/	

2. 根据下列给定的螺纹要素，对螺纹进行标注。

（1）普通细牙螺纹，公称直径 10 mm，螺距 1 mm，单线，右旋，中径及顶径公差带代号为 5g6g，短旋合长度。

（2）梯形螺纹，公称直径 20 mm，导程 8 mm，双线，左旋。

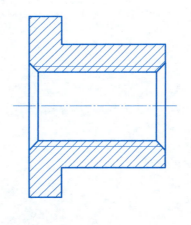

（3）55°非密封管螺纹，A 级，尺寸代号 3/4，右旋。

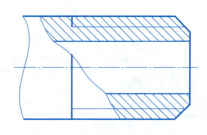

班级　　姓名　　学号

7-4 查表确定下列各连接件尺寸，并写出规定标记

1. 六角头螺栓-C 级（GB/T 5781—2016）

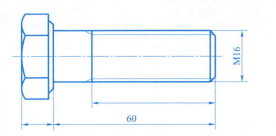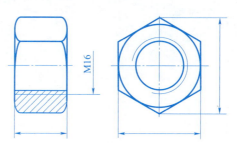

规定标记_____

2. I 型六角螺母-A 级（GB/T 6170—2015）

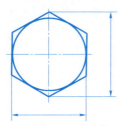

规定标记_____

3. 双头螺柱（B 型，$b_m=1.25d$）（GB/T 898—1988）

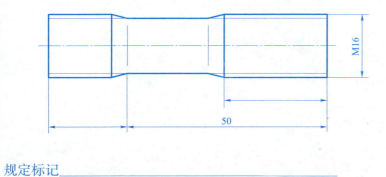

规定标记_____

4. 平垫圈-A 级（GB/T 97.1—2002）

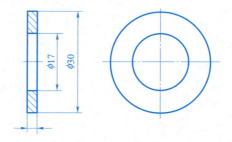

规定标记_____

7-5 螺栓的连接画法

作业指导

一、目的
1. 了解螺纹紧固件的标记；
2. 掌握螺纹紧固件比例画法，以及螺纹紧固件的连接画法。

二、内容与要求
1. 图名：螺栓连接画法；
2. 根据题目绘制在一张 A3 图纸中。

三、绘图步骤
1. 复习螺纹紧固件连接画法；
2. 画底稿（用 H 或 2H 铅笔）；
3. 检查底稿，画剖面线、尺寸界线、尺寸线；
4. 标注尺寸，螺纹紧固件标记并填写标题栏；
5. 检查，加深图形。

四、注意事项
1. 螺纹紧固件画法是比例画法，不需要查附表；
2. 螺栓连接的左视图不画成剖视图，注意螺母及螺栓头左视图上的宽度方向尺寸；
3. 注意螺纹连接画法的线型，一定要粗细分明；
4. 在视图中不用标注螺纹紧固件的尺寸，只需标注连接板尺寸；
5. 在连接图最下方标出所用螺纹紧固件的标记。

已知螺栓 GB/T 5780—2000 M10×50，螺母 GB/T 6170—2000 M10，垫圈 GB/T 97.1—2002 10，用比例画法作出连接后的主、俯、左视图（比例 1∶1）。

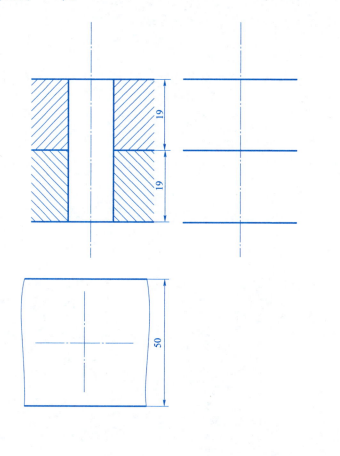

班级　　　　　　姓名　　　　　　学号

7-6 双头螺柱和螺钉的连接画法

1. 补画双头螺柱连接图中的缺线。

2. 补画螺钉连接图中的缺线。

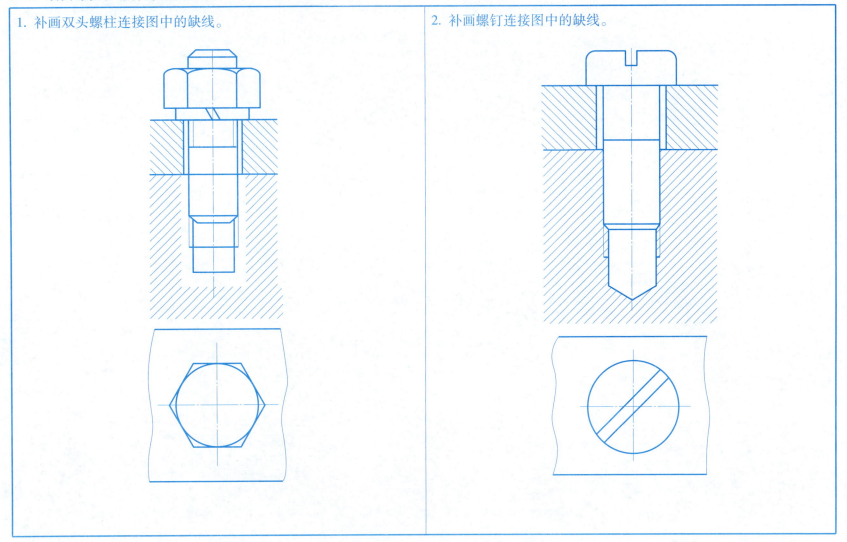

班级　　　　　　　　　　　姓名　　　　　　　　　　　学号

7-7 齿轮的画法

已知直齿圆柱齿轮的模数 $m=4$，齿数 $Z=25$，试计算齿轮各直径 d、d_a、d_f 的值，并完成齿轮的两个视图（比例 1∶1）。

d	
d_a	
d_f	
h_a	
h_f	

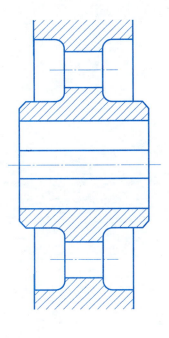
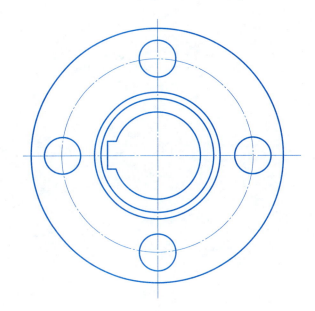

班级　　　　　　　姓名　　　　　　　学号

7-8 齿轮啮合的画法

已知直齿圆柱齿轮模数 $m=3$,小齿轮齿数 $z_1=14$,中心距 $a=60$,求两个齿轮的分度圆、齿顶圆和齿根圆直径,完成齿轮啮合的主、左视图。

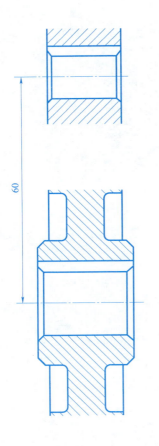
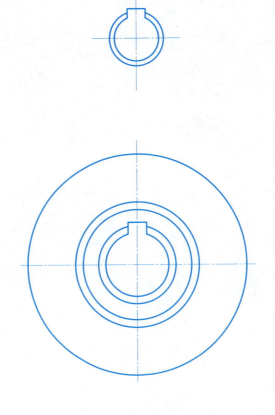

班级　　　　　　　　　　　姓名　　　　　　　　　　　学号

7-9 键槽的画法及键、销连接的画法

1. 按轴径 φ20 查表画出普通平键 A—A 断面图，并标注尺寸。

2. 查表画出与轴相配合的孔的键槽图，并标注尺寸。

3. 根据1、2的题意画出普通平键的连接图。

4. 完成圆柱销（GB/T 119.1—2000 10m6×35）的连接图。

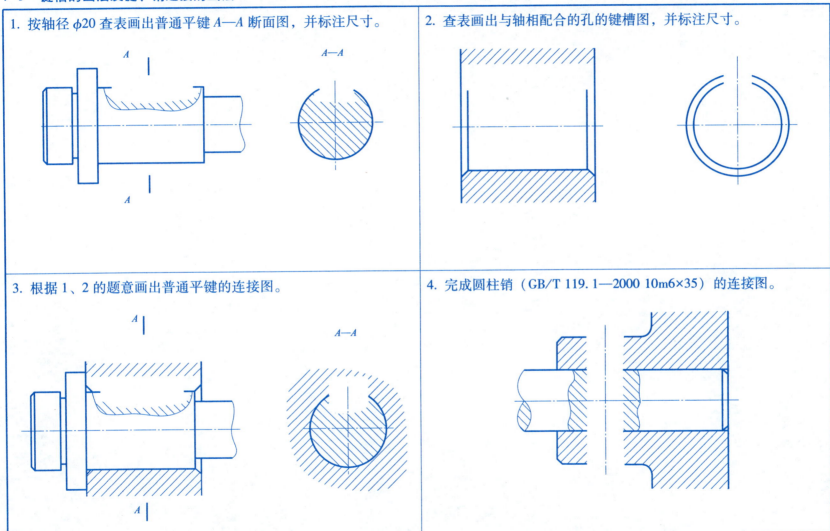

班级　　　　　　姓名　　　　　　学号

7-10 滚动轴承的画法

1. 采用规定画法画出 6207 深沟球轴承的轴向剖视图。

2. 纠正轴承画法中的错误。

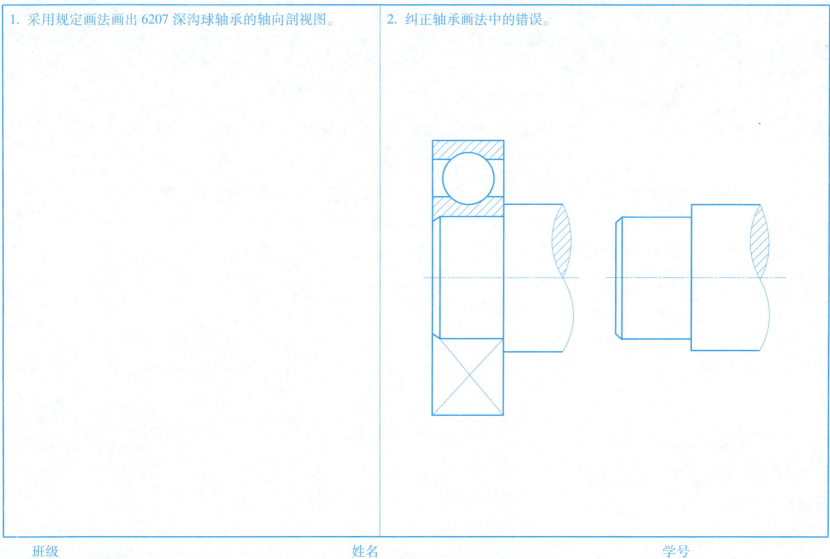

班级　　　　　　　　　　姓名　　　　　　　　　　学号

第8章 典型零件图画法、标注与识读

8-1 填空题

1. 零件图中主视图的选择原则是：_____特征原则、_____位置原则、_____位置原则和自然摆放稳定原则。
2. 根据零件结构的特点和用途，典型零件大致可分为_____、轮盘类、_____和箱体类四类典型零件。
3. 零件的表面结构是_____、_____、_____和_____的总称。
4. 零件上有配合要求的表面，Ra 值要_____，Ra 值越小，表面质量要求越_____，成本越_____。
5. 几何公差项目中，形状公差项目包括直线度、_____、_____、_____、_____和面轮廓度。
6. 标准公差共分_____。公差带代号由_____和_____组成。
7. 在 $\phi30H7/n6$ 配合中，查表得 $\phi30H7(^{+0.021}_{0})$，$\phi30n6(^{+0.028}_{+0.015})$，其配合是_____制_____配合。
8. 有一公称尺寸为 $\phi60$，公差带代号为 h7，查表得上极限偏差=0，下极限偏差=−30 μm，其公差值=_____，在零件图上应注写成_____。
9. 有一公称尺寸为 $\phi53$，公差带代号为 G7，查表得上极限偏差=+40 μm，下极限偏差=+10 μm，其公差值=_____，在零件图上应注写成_____。

班级　　　　　　　　姓名　　　　　　　　学号

8-2 补画零件图，参照立体示意图和已选定的一个视图，确定表达方案（比例 1∶1），未注尺寸从立体图量取

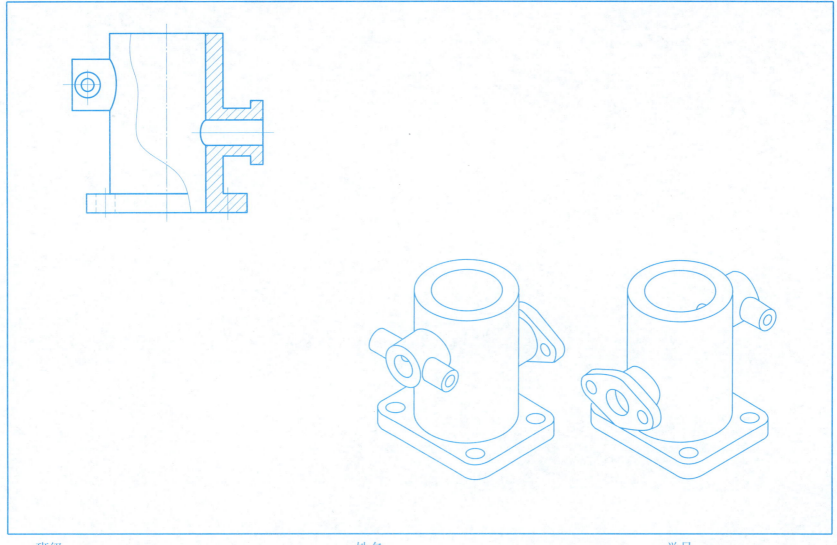

8-3 正确选择零件的表达方案，徒手画出零件图（不注尺寸）

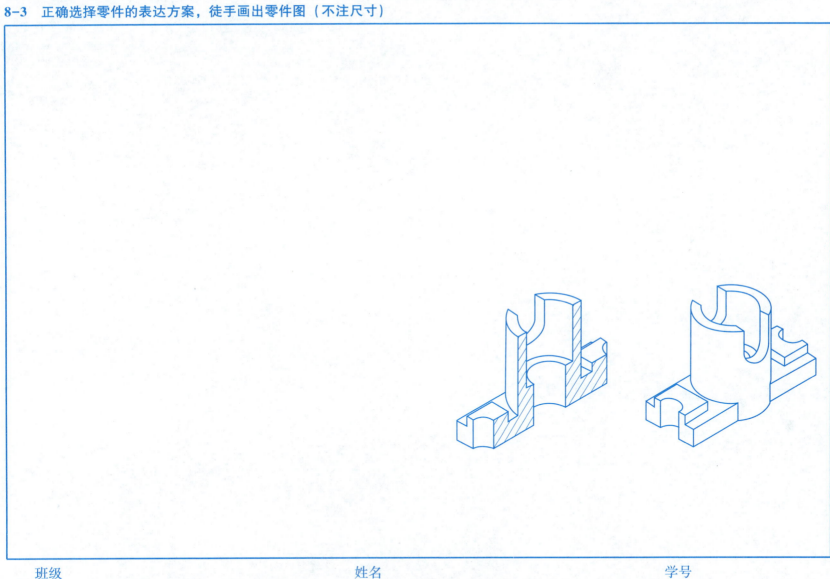

8-4 按要求标注表面粗糙度

上表面及 A、B、C 表面的 Ra 为 3.2，其余表面均为 6.3。

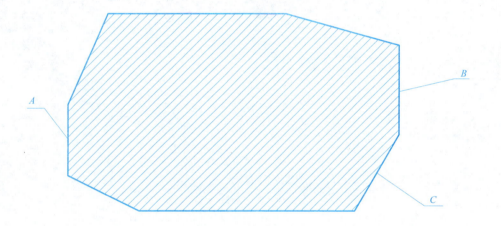

8-5　按要求标注零件的表面粗糙度、几何公差（一）

1.

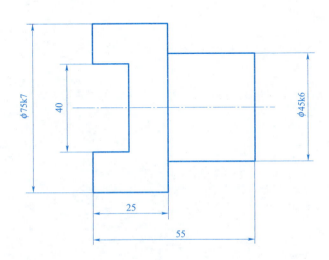

（1）尺寸 40 中心平面对 φ75k7 轴线的对称度公差为 0.01。
（2）φ75k7 的圆柱度公差为 0.02。
（3）尺寸 40 两端面表面粗糙度 Ra3.2。
（4）其余表面 Ra6.3。

2.

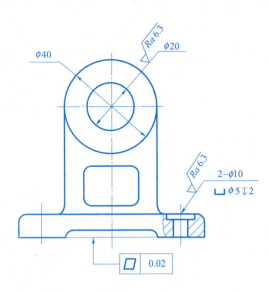

（1）φ20 轴线对底面的平行度公差为 0.01。
（2）解释所注几何公差的含义。
_____
（3）底面表面粗糙度 Ra3.2。
（4）其余不加工。

8-6　按要求标注零件的表面粗糙度、几何公差（二）

3.

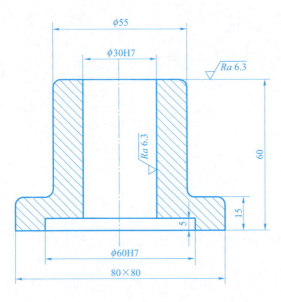

（1）φ30 轴线对 φ60 轴线同轴度公差为 φ0.01。
（2）底面的平面度公差为 0.05。
（3）底面表面粗糙度 Ra3.2。
（4）其余不加工。

4.

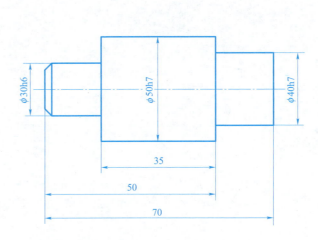

（1）φ30 轴线对 φ40 轴线同轴度公差为 φ0.01。
（2）φ50 圆柱面对 φ30 轴线的径向圆跳动公差为 0.05。
（3）φ50 的表面粗糙度 Ra3.2。
（4）其余 Ra6.3。

班级　　　　　　　　　　　姓名　　　　　　　　　　　学号

8-7 零件的公差与配合（一）

1. 已知 $\phi 60K6\,({}^{+0.004}_{-0.015})$，$\phi 60f5\,({}^{-0.030}_{-0.043})$，$\phi 60H6\,({}^{+0.019}_{0})$，$45H11\,({}^{+0.160}_{0})$，$45d9\,({}^{-0.080}_{-0.142})$，在下列的零件图中注出其基本尺寸、公差带代号及极限偏差并填空。

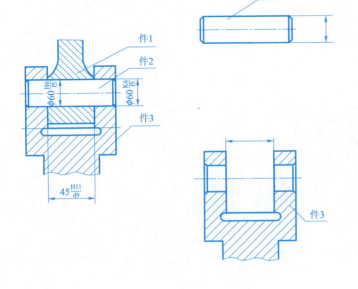

$45\dfrac{H11}{d9}$ 是_____制_____配合

2. 已知 $\phi 60H6$ 的上偏差+0.019，$\phi 60n5\,({}^{+0.033}_{+0.020})$，在下列的零件图中注出其基本尺寸、公差带代号及极限偏差并填空。

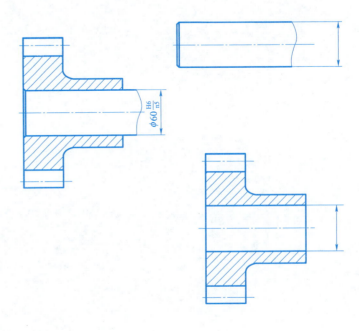

轴与齿轮孔的配合是_____制_____配合

8-8 零件的公差与配合（二）

3. 已知 $\phi 60H7 \,(^{+0.030}_{\ 0})$，$\phi 60p6 \,(^{+0.051}_{+0.032})$，$\phi 40H7 \,(^{+0.025}_{\ 0})$，$\phi 40f6 \,(^{-0.025}_{-0.041})$，在零件图上标注其基本尺寸、公差带代号及上下极限偏差并填空。

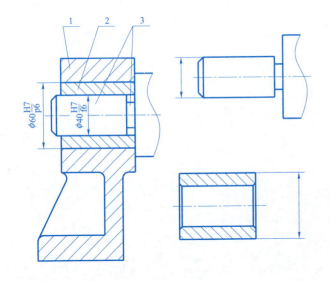

轴套 2 与件 1 孔的配合是＿＿＿制＿＿＿配合。

4. 已知：$\phi 40H7$ 上偏差为 +0.025，$\phi 40k6$ 上偏差为 +0.018，下偏差为 +0.002，$\phi 24N7$ 上偏差为 −0.007，下偏差为 −0.028，$\phi 24h6$ 下偏差为 −0.013。

根据已知条件，在所画尺寸线处进行标记零件尺寸，公差带代号及上下极限偏差，并填空。

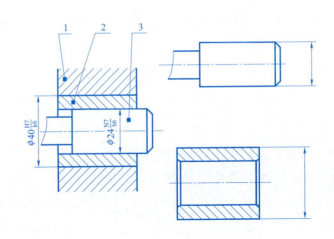

轴 3 与轴套 2 是＿＿＿制＿＿＿配合。

8-9 读零件图并填空

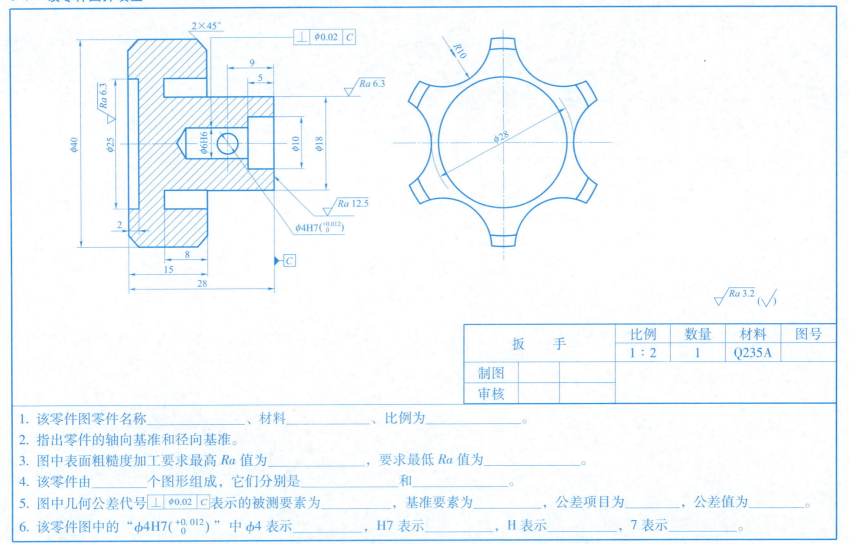

1. 该零件图零件名称_____、材料_____、比例为_____。
2. 指出零件的轴向基准和径向基准。
3. 图中表面粗糙度加工要求最高 Ra 值为_____，要求最低 Ra 值为_____。
4. 该零件由_____个图形组成，它们分别是_____和_____。
5. 图中几何公差代号 ⊥ $\phi 0.02$ C 表示的被测要素为_____，基准要素为_____，公差项目为_____，公差值为_____。
6. 该零件图中的"$\phi 4H7(^{+0.012}_{0})$"中 $\phi 4$ 表示_____，H7 表示_____，H 表示_____，7 表示_____。

班级　　　　　　　　　　　　　姓名　　　　　　　　　　　　　学号

8-10 读零件图，并填空

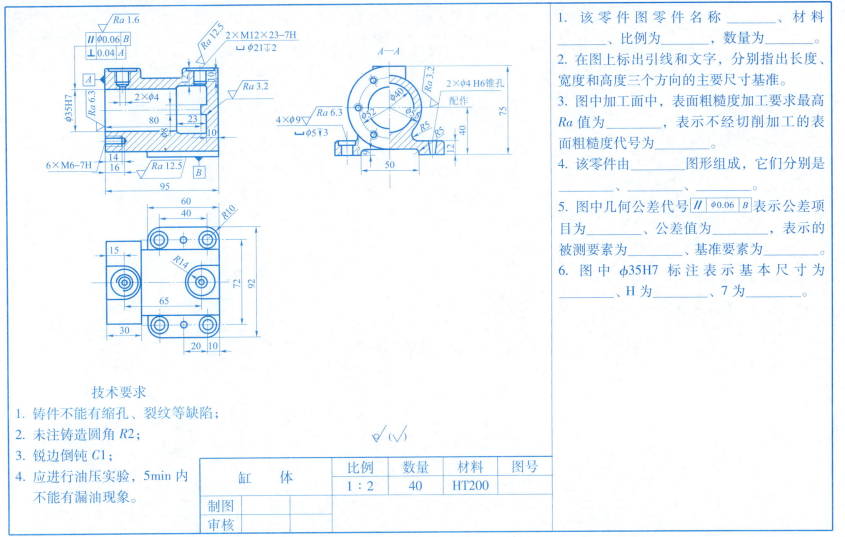

技术要求
1. 铸件不能有缩孔、裂纹等缺陷；
2. 未注铸造圆角 R2；
3. 锐边倒钝 C1；
4. 应进行油压实验，5min 内不能有漏油现象。

1. 该零件图零件名称 _____、材料 _____、比例为 _____，数量为 _____。
2. 在图上标出引线和文字，分别指出长度、宽度和高度三个方向的主要尺寸基准。
3. 图中加工面中，表面粗糙度加工要求最高 Ra 值为 _____，表示不经切削加工的表面粗糙度代号为 _____。
4. 该零件由 _____ 图形组成，它们分别是 _____、_____、_____。
5. 图中几何公差代号 ∥ ⌀0.06 B 表示公差项目为 _____、公差值为 _____，表示的被测要素为 _____、基准要素为 _____。
6. 图中 φ35H7 标注表示基本尺寸为 _____、H 为 _____、7 为 _____。

缸 体	比例	数量	材料	图号
	1：2	40	HT200	
制图				
审核				

8-11 读零件图，并填空

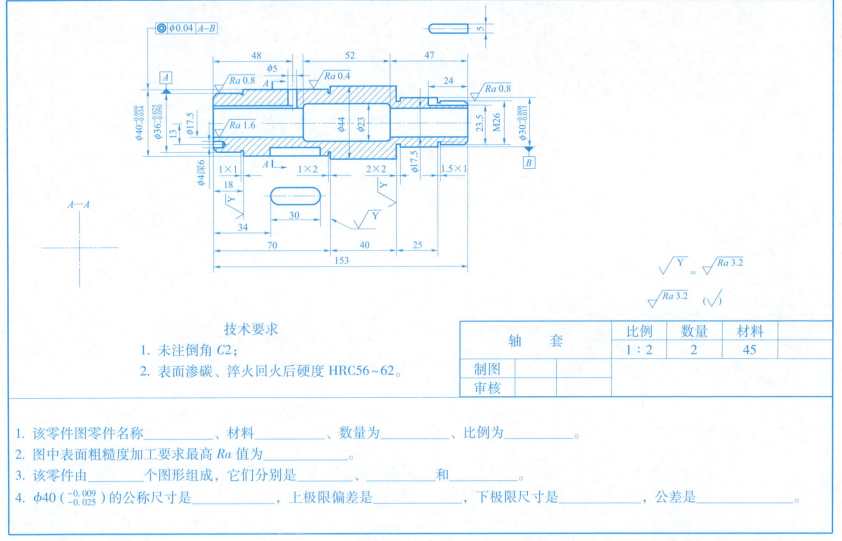

技术要求
1. 未注倒角 C2；
2. 表面渗碳、淬火回火后硬度 HRC56~62。

1. 该零件图零件名称_____、材料_____、数量为_____、比例为_____。
2. 图中表面粗糙度加工要求最高 Ra 值为_____。
3. 该零件由_____个图形组成，它们分别是_____、_____和_____。
4. $\phi 40 \left(_{-0.025}^{-0.009}\right)$ 的公称尺寸是_____，上极限偏差是_____，下极限尺寸是_____，公差是_____。

第 9 章　装配图的识读与绘制

9-1　填空题

1. 装配图中内容主要包括以下几个方面：一组视图、_____、_____、_____技术要求、标题栏。
2. 对于螺栓、螺母、垫圈等紧固件及其他实心零件，若按纵向剖切，且剖切平面通过其对称平面或轴线时，这些零件按_____（剖视、不剖）绘制。
3. 在装配图中，对运动零件的运动范围和极限位置，可用_____画出其轮廓。
4. 在装配图中，对薄片零件或细小间隙等，若按其实际尺寸很难画出或难以明显表示时，均可不按比例而采用_____画法。
5. 装配图中不需像零件图那样注出所有尺寸，只需注出_____尺寸、_____尺寸、_____尺寸、总体尺寸和其他重要尺寸五类。
6. 装配图中所有的零、部件都必须编写序号，并与_____中的序号一致。
7. 明细栏一般配置在装配图中标题栏的上方，按由_____而_____的顺序填写，标准件的国标号填写在明细栏的_____栏内，齿轮模数一般填写在明细栏的_____栏内。

班级　　　　　　　　　　　　　姓名　　　　　　　　　　　　　学号

9-2　由装配图拆画零件图（一）

1. 看懂装配图并拆画零件1和零件6。

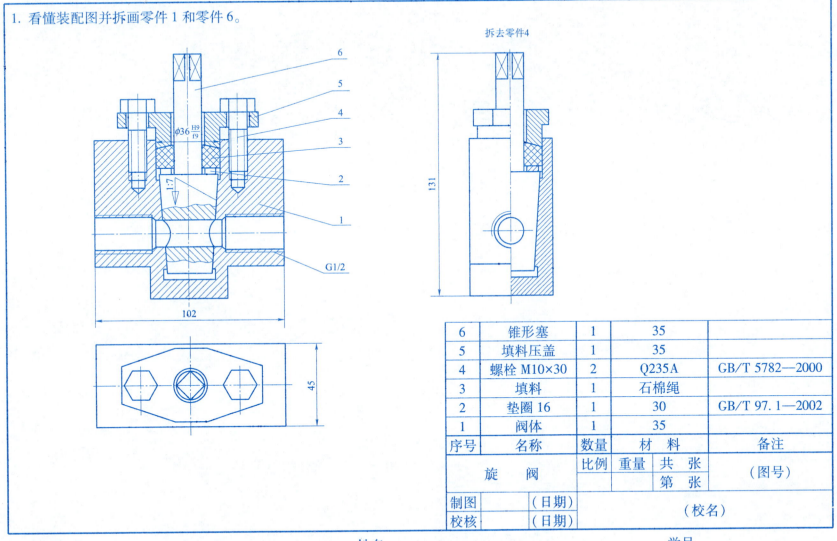

9-3 由装配图拆画零件图（二）

1. 读懂装配图并拆画零件 1。

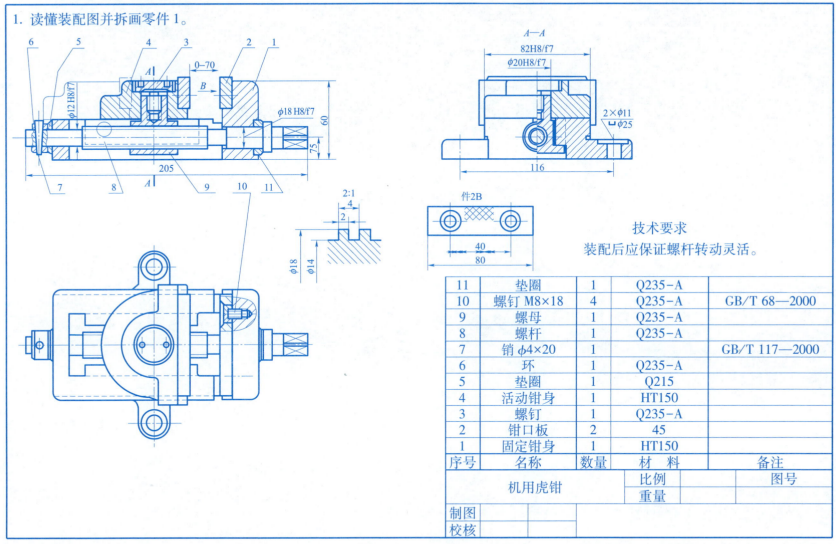

9-4 拼画装配图

作业　画装配图

一、目的
1. 熟悉和掌握装配图的内容和装配图的表达方法；
2. 了解绘制装配图的方法。

二、内容与要求
1. 根据千斤顶的装配示意图和零件图绘制装配图；
2. 图幅由教师确定。

三、注意事项（画图步骤）
1. 初步了解。根据名称和装配示意图，对装配体的功能进行粗略分析，并将其与零件图的相应序号相对照，区分一般零件和标准件，并确定其数量，分析装配图的复杂程度及大小。
2. 详读零件图。依据示意详读零件图，进而分析装配顺序、零件之间的装配关系、连接方法，弄清传动路线、工作原理。
3. 合理布图。先画出各视图的作图基准线（主要装配干线、对称线等）。
4. 拟定画图顺序。画剖视图时，一般从装配干线入手，由内向外逐个画出各个零件的投影（也可酌情由外向里绘制）。
5. 注意相邻零件剖面线的画法。标注尺寸，填写技术要求，编写序号。
6. 作图后，应按装配图的内容，认真作一次全面检查和修正。

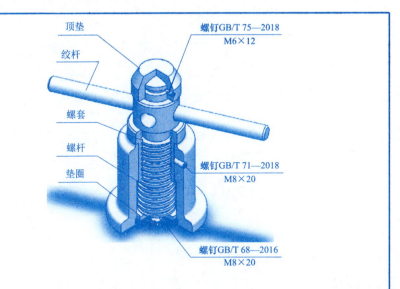

千斤顶说明

该千斤顶是一种手动起重支撑装置，扳动绞杠转动螺杆，由于螺杆、螺套间的螺纹作用，可使螺杆上升或下降，同时进行起重支撑。底座上装有螺套，螺套与底座间有螺钉固定。螺杆与螺套由矩形螺纹传动，螺杆头部孔中穿有绞杠，可扳动螺杆转动，螺杆顶部的球面结构与顶垫的内球面接触起浮动作用，螺杆与顶垫之间有螺钉限位。

班级　　　　　姓名　　　　　学号

9-5 千斤顶零件图（一）

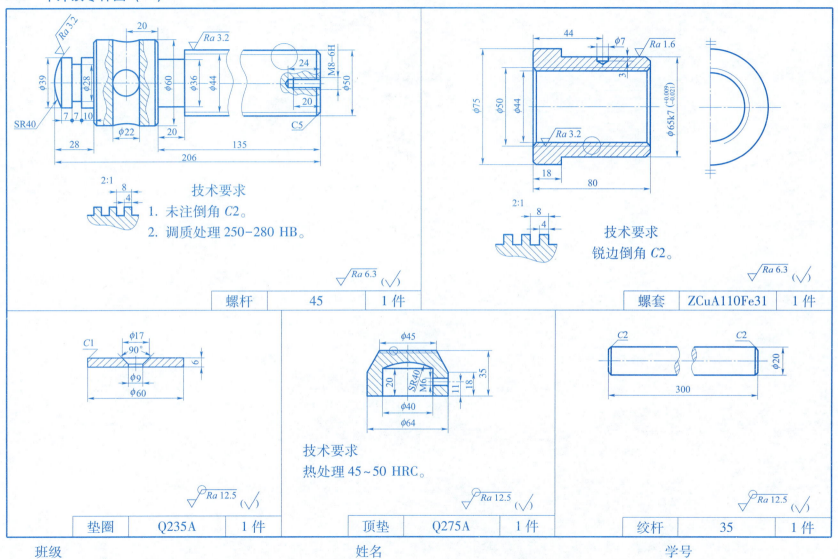

9-6 千斤顶零件图（二）

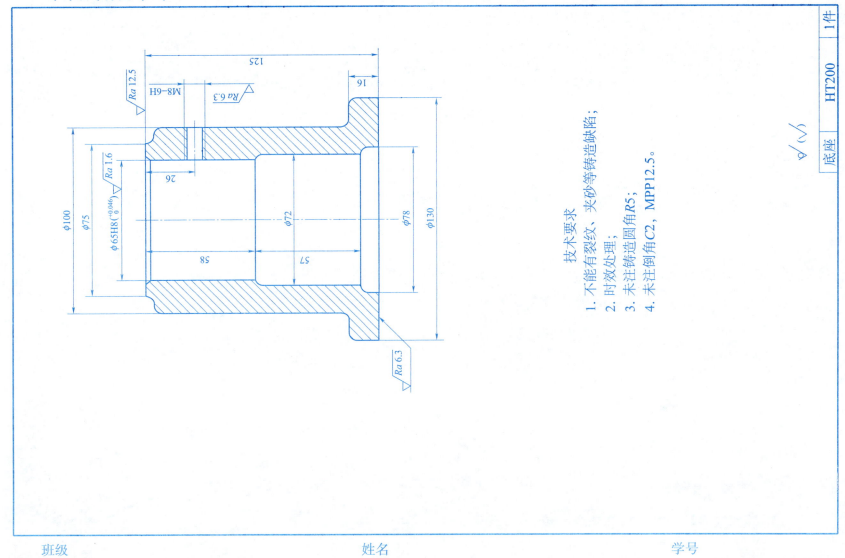

参 考 文 献

[1] 技术产品文件标准汇编（技术制图卷）[M]. 北京：中国标准出版社，2007.
[2] 技术产品文件标准汇编（机械制图卷）[M]. 北京：中国标准出版社，2007.
[3] 《机械制图》国家标准工作组. 机械制图新旧标准代换教程[M]. 北京：中国标准出版社，2003.
[4] 金大鹰. 机械制图（机械类专业）[M]. 第2版. 北京：机械工业出版社，2011.
[5] 王冰，杨辉. 机械图样的绘制与识读[M]. 成都：电子科技大学出版社，2011.
[6] 吕思科，周宪珠. 机械制图（机械类）[M]. 第2版. 北京：北京理工大学出版社，2007.
[7] 钱可强. 机械制图[M]. 第2版. 北京：高等教育出版社，2008.
[8] 胡建生. 机械制图（少学时）[M]. 北京：机械工业出版社，2009.